北大社·"十四五"普通高等教育本科规划教材
高等院校机械类专业"互联网+"创新规划教材

增 材 制 造 技 术

南京航空航天大学　刘志东　编著

内 容 简 介

本书介绍了增材制造的全过程,包括前处理、增材制造技术的主要工艺、后处理及缺陷检测,尽可能做到系统、完整。全书共 6 章,分别为增材制造技术概述、增材制造数据处理、增材制造技术的主要工艺、金属增材制造技术的主要工艺、增材制造后处理及缺陷检测、增材制造技术的应用。

本书采用彩色印刷,重点突出,便于学习。书中每种增材制造工艺均有对应视频展示其原理及实际应用,150 余段视频配以对应的二维码,读者利用移动设备扫描对应知识点的二维码即可在线观看。为方便教师授课,本书配套附有主要视频内容的教学参考课件。

本书适合作为高等工科院校、高职高专院校机械、模具、机电、汽车、材料成形、数控技术应用等专业的"增材制造技术"课程教材及相关课程的辅助教材,也可作为职业培训用书,还可供相关行业工程技术人员参考使用。

图书在版编目(CIP)数据

增材制造技术/刘志东编著. -- 北京: 北京大学出版社, 2025.6. -- (高等院校机械类专业"互联网+"创新规划教材). -- ISBN 978-7-301-36160-3

Ⅰ.TB4

中国国家版本馆 CIP 数据核字第 20251M6K47 号

书　　　名	增材制造技术 ZENGCAI ZHIZAO JISHU
著作责任者	刘志东　编著
策 划 编 辑	童君鑫
责 任 编 辑	黄红珍
数 字 编 辑	蒙俞材
标 准 书 号	ISBN 978-7-301-36160-3
出 版 发 行	北京大学出版社
地　　　址	北京市海淀区成府路 205 号　100871
网　　　址	http://www.pup.cn　新浪微博:@北京大学出版社
电 子 邮 箱	编辑部 pup6@pup.cn　总编室 zpup@pup.cn
电　　　话	邮购部 010-62752015　发行部 010-62750672　编辑部 010-62750667
印 刷 者	北京宏伟双华印刷有限公司
经 销 者	新华书店
	787 毫米×1092 毫米　16 开本　11.5 印张　273 千字 2025 年 6 月第 1 版　2025 年 6 月第 1 次印刷
定　　　价	69.80 元

未经许可,不得以任何方式复制或抄袭本书之部分或全部内容。
版权所有,侵权必究
举报电话:010-62752024　电子邮箱:fd@pup.cn
图书如有印装质量问题,请与出版部联系,电话:010-62756370

前　　言

　　增材制造技术常称三维打印技术，是 20 世纪 80 年代中期出现的智能制造技术，综合了机电技术、材料技术、计算机技术、控制技术、信息技术等多种技术。增材制造技术可成形任意复杂形状的结构、功能构件。从理论上讲，增材制造技术可成形任何材料，可成形任何物体，可应用于任何领域。

　　增材制造技术通过逐层堆积的方式将粉材、丝材、片材和液体材料等各种形态的材料成形为三维实体，虽然其发展只有近 40 年，但其在复杂结构、功能构件的快速制造、个性化定制等方面已显示出明显优势，受到各国、各行各业的高度重视。

　　目前，增材制造的新工艺和新装备不断涌现，可使用材料的种类不断增加，应用领域不断拓宽。为使读者掌握增材制造领域的先进技术和最新发展情况，作者编写了本书。

　　本书尽可能覆盖目前增材制造技术的主要工艺，并且注重增材制造全过程，包括前处理、后处理及缺陷检测的介绍，尽可能做到系统、完整。全书共 6 章，分别为增材制造技术概述、增材制造数据处理、增材制造技术的主要工艺（将增材制造工艺分为七大类进行阐述）、金属增材制造技术的主要工艺（金属增材制造应用广泛，是增材制造应用的重点）、增材制造后处理及缺陷检测、增材制造技术的应用。

　　本书采用彩色印刷，重点突出，便于学习。书中每种增材制造工艺均有对应视频展示其原理及实际应用，150 余段视频配以对应的二维码，读者利用移动设备扫描对应知识点的二维码即可在线观看，便于自学。对数字资源的学习能增强学生对增材制造工艺的认识和理解，进一步达到提高教学效果、授课质量及培养学生"工匠精神"的目的。为方便教师授课，本书配套附有主要视频内容的教学参考课件。

　　本书适合作为高等工科院校、高职高专院校机械、模具、机电、汽车、材料成形、数控技术应用等专业的"增材制造技术"课程教材及相关课程的辅助教材，也可作为职业培训用书，还可供相关行业工程技术人员参考使用。

　　本书由中国机械工程学会特种加工分会常务理事、江苏省特种加工学会理事长，南京航空航天大学博士生导师刘志东教授编著。

　　在本书的编写过程中，作者参阅并选择引用了国内外同行公开的相关文献及多媒体资料，得到了业内众多专家和朋友的支持与帮助，南京航空航天大学电光先进制造研究团队的研究生参与了大量的文字编辑、整理及多媒体的制作工作，在此一并表示衷心感谢。

　　由于书中涉及内容广泛且技术发展迅速，加之作者水平所限，书中难免存在不妥之处，请读者批评指正。

作者的电子邮箱：liutim@nuaa.edu.cn

电光先进制造研究团队网址：http://edmandlaser.nuaa.edu.cn/

2025 年 2 月

【资源索引】

目 录

第1章 增材制造技术概述 ………… 1
1.1 增材制造技术的定义及发展 …… 2
1.2 增材制造技术在制造技术方面的突破 ………………………………… 4
1.3 增材制造技术的特点 …………… 7
思考题 …………………………………… 9

第2章 增材制造数据处理 ………… 10
2.1 三维模型构建 …………………… 11
   2.1.1 三维设计软件正向设计及正向建模 ………………………………… 11
   2.1.2 实体三维扫描逆向设计及逆向建模 ………………………………… 14
2.2 模型拓扑优化设计 ……………… 17
2.3 模型的STL格式化与支撑结构的添加 …………………………………… 18
   2.3.1 STL文件格式 ………………… 18
   2.3.2 支撑结构 ……………………… 20
2.4 模型切片与路径规划 …………… 22
   2.4.1 三维模型切片 ………………… 22
   2.4.2 路径规划与填充 ……………… 23
2.5 增材制造过程仿真分析 ………… 24
   2.5.1 Simufact简介 ………………… 24
   2.5.2 Simufact Additive对典型叶轮零件过程仿真分析案例 …… 25
思考题 …………………………………… 26

第3章 增材制造技术的主要工艺 …… 27
3.1 材料挤出 ………………………… 28
   3.1.1 熔融沉积成形 ………………… 28
   3.1.2 直接墨水书写 ………………… 33
   3.1.3 金属浆料沉积 ………………… 35
   3.1.4 快速液体打印 ………………… 35

3.2 立体光固化 ……………………… 37
   3.2.1 立体光固化成形 ……………… 37
   3.2.2 数字光处理 …………………… 39
   3.2.3 数字光合成 …………………… 40
   3.2.4 液晶显示技术 ………………… 42
   3.2.5 体积增材制造 ………………… 44
   3.2.6 双光子聚合光固化成形 ……… 46
3.3 薄材叠层 ………………………… 48
   3.3.1 叠层实体制造 ………………… 48
   3.3.2 超声波增材制造 ……………… 50
3.4 材料喷射 ………………………… 50
   3.4.1 聚合物喷射 …………………… 50
   3.4.2 纳米颗粒喷射 ………………… 52
   3.4.3 金属微滴喷射 ………………… 52
3.5 黏结剂喷射 ……………………… 52
   3.5.1 黏结剂喷射（狭义）…………… 52
   3.5.2 多射流熔融 …………………… 55
3.6 粉末床熔融 ……………………… 57
   3.6.1 选区激光烧结 ………………… 57
   3.6.2 选区激光熔化 ………………… 60
   3.6.3 电子束选区熔化 ……………… 60
3.7 定向能量沉积 …………………… 61
   3.7.1 激光近净成形 ………………… 61
   3.7.2 激光熔丝增材制造 …………… 61
   3.7.3 电子束自由成形制造 ………… 61
   3.7.4 电弧熔丝增材制造 …………… 61
   3.7.5 等离子弧熔丝增材制造 ……… 62
3.8 其他增材工艺 …………………… 62
   3.8.1 四维打印 ……………………… 62
   3.8.2 五维打印 ……………………… 63
思考题 …………………………………… 64

第4章 金属增材制造技术的主要工艺 ……………………………… 65
4.1 金属增材制造用粉末典型制备工艺 … 66

4.1.1　真空感应熔炼气雾化 …………… 67
　　4.1.2　电极感应熔炼气雾化 …………… 68
　　4.1.3　等离子旋转电极雾化 …………… 68
　　4.1.4　等离子雾化 ……………………… 69
4.2　粉末床熔融 ……………………………… 70
　　4.2.1　选区激光熔化 …………………… 70
　　4.2.2　三维多金属材料选区激光
　　　　　熔化 ………………………………… 74
　　4.2.3　电子束选区熔化 ………………… 77
4.3　定向能量沉积 …………………………… 79
　　4.3.1　激光近净成形 …………………… 79
　　4.3.2　激光熔丝增材制造 ……………… 80
　　4.3.3　电子束自由成形制造 …………… 81
　　4.3.4　电弧熔丝增材制造 ……………… 84
　　4.3.5　等离子弧熔丝增材制造 ………… 86
4.4　薄材叠层 ………………………………… 87
　　4.4.1　超声波增材制造 ………………… 87
　　4.4.2　搅拌摩擦增材制造 ……………… 89
4.5　喷墨液态金属增材制造 ………………… 91
　　4.5.1　纳米颗粒喷射 …………………… 91
　　4.5.2　金属浆料沉积 …………………… 93
　　4.5.3　金属微滴喷射 …………………… 95
4.6　冷喷涂增材制造 ………………………… 96
4.7　其他金属增材制造工艺 ………………… 99
　　4.7.1　金属熔融沉积成形 ……………… 99
　　4.7.2　液态金属印刷 …………………… 100
　　4.7.3　电化学增材微细制造 …………… 102
4.8　复合式增材制造 ………………………… 104
4.9　激光增材再制造 ………………………… 107
4.10　金属粉末增材制造的生产安全 ……… 113
　　4.10.1　金属粉末增材制造操作人员
　　　　　　安全防护 ………………………… 113
　　4.10.2　金属粉末增材制造设备与
　　　　　　材料防护 ………………………… 114
思考题 …………………………………………… 116

第5章　增材制造后处理及缺陷
　　　　检测 …………………………………… 117

5.1　热处理 …………………………………… 118
　　5.1.1　光固化陶瓷件脱脂及烧结
　　　　　处理 ………………………………… 118
　　5.1.2　烧结件脱脂、预烧结、渗金属
　　　　　处理 ………………………………… 119
　　5.1.3　熔化成形金属件去应力退火 …… 120
　　5.1.4　熔化成形金属件材料性能
　　　　　热处理 ……………………………… 121
　　5.1.5　熔化成形金属件热等静压 ……… 121
5.2　机械处理 ………………………………… 121
5.3　特种加工处理 …………………………… 123
　　5.3.1　磨粒流加工 ……………………… 123
　　5.3.2　电解抛光 ………………………… 124
　　5.3.3　电解质等离子抛光 ……………… 125
　　5.3.4　激光冲击强化 …………………… 127
5.4　检测与分析 ……………………………… 128
　　5.4.1　尺寸检测与分析 ………………… 128
　　5.4.2　性能检测与分析 ………………… 128
　　5.4.3　无损检测与分析 ………………… 129
思考题 …………………………………………… 135

第6章　增材制造技术的应用 …………… 136

6.1　增材制造技术在航空航天领域的
　　 应用 ……………………………………… 137
6.2　增材制造技术在生物医学领域的
　　 应用 ……………………………………… 147
6.3　增材制造技术在汽车行业的应用 …… 154
6.4　增材制造技术在金属铸造领域的
　　 应用 ……………………………………… 162
6.5　增材制造技术在其他领域的应用 …… 166
思考题 …………………………………………… 170

参考文献 ………………………………………… 171

附录　AI伴学内容及提示词 ………………… 174

第 1 章 增材制造技术概述

◇ **本章教学要求**

教学目标	知识目标	1. 掌握增材制造技术的定义，了解增材制造的过程。 2. 掌握制造技术的三种形式。 3. 掌握增材制造技术在制造技术方面的突破。 4. 掌握增材制造技术的特点。 5. 了解增材制造技术面临的技术难题
	能力目标	1. 能够理解增材制造与传统加工方式的差异。 2. 能够理解增材制造技术在制造技术方面的突破。 3. 能够理解增材制造技术的特点
教学内容		1. 增材制造技术的定义及发展。 2. 增材制造技术在制造技术方面的突破。 3. 增材制造技术的特点
重点难点及 解决方法		1. 对于增材制造技术在制造技术方面的突破，通过零件制造实例讲解。 2. 对于增材制造技术的特点，通过增材制造的应用实例讲解
学时分配		授课 2 学时

1.1　增材制造技术的定义及发展

增材制造（additive manufacturing，AM）技术常称**三维打印技术**，是采用逐层堆积的方式将粉材、丝材、片材和液体材料等各种形态的材料成形为三维实体的技术。相对于传统加工的去除切削"自上而下，由表及里"而言，增材制造是一种"自下而上，叠层累加"的制造方法。增材制造被誉为"第三次工业革命"的重要标志，被认为是推动新一轮工业革命的重要契机，引起了全世界的广泛关注。

从加工过程材料的变化角度来看，制造技术可分为以下**三种形式**。

（1）**等材制造**，如铸造、锻压、冲压、注塑等，主要利用模具控形，将液体或固体材料成形为满足设计结构和性能的构件。

（2）**减材制造**，一般是指利用刀具或电加工方法去除毛坯中不需要的材料，剩下的部分即满足设计结构和性能的构件。

（3）**增材制造**，利用粉材、丝材、片材和液体材料等各种形态的材料，通过某种方式逐层堆积成形为复杂结构及性能的构件。

增材制造的过程及分类

等材制造中的铸造工艺有 3000 多年历史，减材制造中的切削加工有 300 多年历史，增材制造中的三维打印仅有近 40 年历史。

增材制造技术是 20 世纪 80 年代中期问世并迅速发展的一项先进制造技术，是由数字模型直接驱动的快速制造任意复杂形状三维实体技术的总称。目前，市场上有 30~40 种增材制造技术。典型增材制造技术分类见表 1.1。

表 1.1　典型增材制造技术分类

技术分类	技术原理	典型工艺	典型材料
材料挤出	将材料通过喷嘴或孔口挤出	熔融沉积成形（FDM） 直接墨水书写（DIW） 金属浆料沉积（MPD） 快速液体打印（RLP）	热塑性塑料丝材或颗粒，如 ABS、PLA 等
立体光固化	通过光致聚合作用选择性地固化液态光敏聚合物	立体光固化成形（SLA） 数字光处理（DLP） 数字光合成（DLS） 液晶显示技术（LCD） 体积增材制造（VAM） 双光子聚合光固化成形（TPP）	液态光敏聚合物
薄材叠层	将薄层材料逐层结合以形成实体	叠层实体制造（LOM） 超声波增材制造（UAM）	纤维片材、金属箔等
材料喷射	将材料以微滴或微粒的形式选择性喷射沉积	聚合物喷射成形（PolyJet） 纳米颗粒喷射（NPJ） 金属微滴喷射	液态光敏聚合物、粉末及颗粒

续表

技术分类	技术原理	典型工艺	典型材料
黏结剂喷射	选择性喷射沉积液态黏结剂黏结粉末材料	黏结剂喷射（binder jetting） 多射流熔融（MJF）	金属粉末、陶瓷粉末等
粉末床熔融	通过热能（如激光或电子束）选择性地熔化、烧结粉末床区域材料	选区激光烧结（SLS） 选区激光熔化（SLM） 电子束选区熔化（EBSM）	金属粉末、聚合物粉末、陶瓷粉末等
定向能量沉积	利用汇聚的热能（如激光、电子束、电弧或等离子束等）将材料同步熔化沉积	激光近净成形（LENS） 激光熔丝增材制造（LWAM） 电子束自由成形制造（EBF） 电弧熔丝增材制造（WAAM） 等离子弧熔丝增材制造（WPAAM）	金属丝材或粉末

增材制造具有明显的数字化、智能化特征，下面以图 1.1 所示的立体光固化成形过程为例，介绍增材制造的过程。首先，通过 CAD 描述待打印物体的三维模型（CAD 建模）；其次，转换为 STL 文件格式（作为三维模型的载体）；再次，进行 Z 向离散化，对三维模型进行平面或曲面分层"切片"处理，将三维数据分解为若干二维数据；从次，依据分层的二维数据，将每层制造的薄片叠加起来，构成三维实体，实现从二维薄层到三维实体的成形；最后，进行后处理，并根据成形件需求进行一种或多种工艺复合，以提高产品性能。

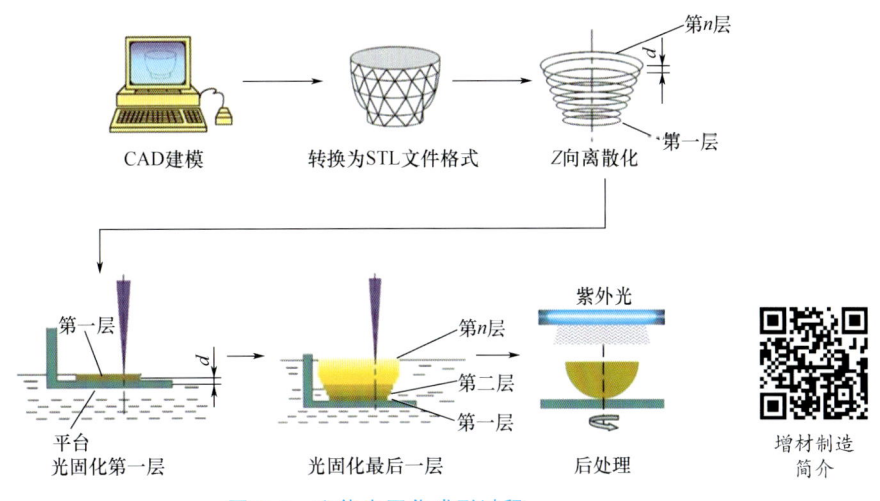

图 1.1 立体光固化成形过程

增材制造技术是机械、计算机辅助设计及制造（computer aided design/manufacturing，CAD/CAM）、数控加工、激光技术、材料等领域的综合渗透与交叉的体现，能自动、快速、直接、准确地将设计实体转化为具有一定功能的原型或直接制造出零件（包括模具），从而对产品设计进行快速评价、修改，响应市场需求，提高企业的竞争能力。增材制造技术已从传统制造技术向多领域融合发展，物理、化学、生物和材料等领域新技术的发展给增材制造技术注入了新的生命力。增材制造技术也给制造业带来巨大变革，并可能彻底改变传统的制造模式。增材制造技术广泛应用于航空航天、汽车、通信、医疗、电子、家电、玩具、军事装备、工业造型、建筑模型等领域。

1986年,美国查尔斯·赫尔为其发明的立体光固化成形(stereo lithography apparatus,SLA)技术申请专利。随后查尔斯·赫尔创建了3D Systems公司,成为最早在美国纳斯达克上市的三维打印企业。目前,国外增材制造技术的发展主要集中在欧美地区,其中美国是增材制造技术的发源地,也是对此技术研究和应用最广泛的国家。在我国,自20世纪90年代初开始,以清华大学、华中科技大学、西安交通大学、南京航空航天大学为代表的几所高校,率先开展了增材制造技术的研发。

随着技术的发展,美国人于2013年提出了四维打印概念。四维打印是指制造的构件可以随着时间改变结构,增加了时间维度。随后,我国卢秉恒院士提出了五维打印概念,五维打印的特征是在三维空间制造的基础上,除增加时间维度外,还增加了更为重要的功能再生维度。五维打印仍采用三维打印设备,但是其打印材料是具有活性功能的细胞和生物因子等材料,这些生物材料在后续发展中会发生功能的变化。因此,必须从后续功能出发,在制造的初始阶段设计全生命周期。五维打印将使人类利用的材料从木材、金属、硅材料等向生命体材料发展,且由生命体材料制造的不再是不可变的结构,而是具有功能再生的器件。随着科技的不断进步,六维打印乃至七维打印的概念会不断被提出并赋予不同的含义。增材制造技术的发展历程和相应特点如图1.2所示。

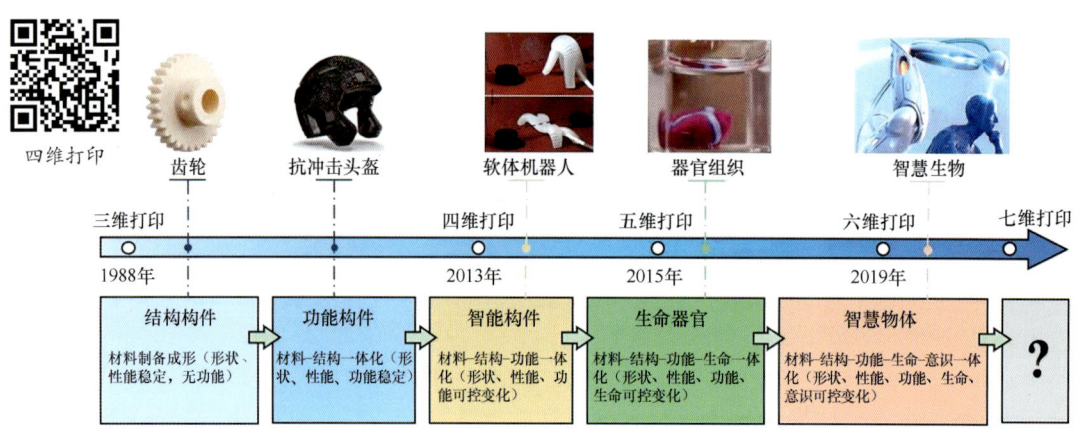

图1.2 增材制造技术的发展历程和相应特点

1.2 增材制造技术在制造技术方面的突破

增材制造技术除在制造方法上与传统等材制造和减材制造技术存在外在形式上的差异,还突破了传统加工在材料、尺度、结构、功能、智能、生命、智慧等方面的局限。增材制造技术不仅可以对成形构件控形、控性,还可以提高材料性能、创造新材料、制造新结构、制造智能构件、打印生命器官等。

1. 提升材料性能

在选区激光熔化(selective laser melting,SLM)加工过程中,激光与粉末相互作用,形成尺度约为 100μm 的微小熔池，由于激光快速移动（移动速度为 100～1000mm/s），因此熔池具有极高的冷却速率（10^3～10^8 K/s），快速冷却抑制了晶粒的长大和合金元素的偏析，加之熔池内对流的搅拌作用，最终可以获得晶粒细小、组织均匀的微观结构，大幅度提升了材料的强度。采用 SLM 成形的颅骨板植入物和金属牙冠如图 1.3 所示。

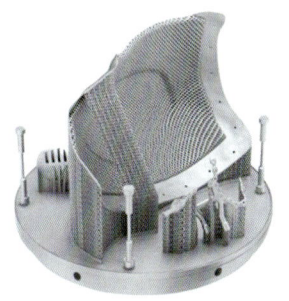

（a）颅骨板植入物　　　　（b）金属牙冠

图 1.3　采用 SLM 成形的颅骨板植入物和金属牙冠

2. 创造新材料

利用增材制造技术，通过混合粉末或控制喷嘴同时输送不同的粉末，可以制备金属/金属和金属/陶瓷等**梯度功能材料（functionally graded materials，FGM）**。FGM 是由两种或两种以上材料复合且成分和结构呈连续梯度变化的一种新型复合材料，是适应航空航天等高技术领域需要的材料，也是为满足在极限环境下反复正常工作而发展起来的一种新型功能材料。它的设计要求是功能、性能随机件内部位置的变化而改变，通过提高构件的整体性能来满足要求。在组合方式上，FGM 有金属/金属、金属/陶瓷、金属/非金属、陶瓷/陶瓷、陶瓷/非金属及非金属/塑料六种。增材制造技术是实现 FGM 制造的主要手段。

增材制造技术为开发具有复杂内部特征和薄壁的火箭发动机组件带来了重要设计和制造机会，实现了整体式部件采用多种材料组合形式的可能。美国国家航空航天局（National Aeronautics and Space Administration，NASA）成功展示了采用增材制造技术制造的燃烧室铜合金衬里和镍基合金外衬（图 1.4）。其中，GRCop-84 铜合金衬里利用激光粉末床熔融技术成形，Inconel 625 镍基合金外衬利用电子束自由成形制造（electron beam freedom fabrication，EBF）成形。

多材料增材制造

（a）铜合金衬里　　　　（b）镍基合金外衬

图 1.4　采用增材制造技术制造的燃烧室铜合金衬里和镍基合金外衬

3. 创造新结构

受传统制造工艺的约束,一些构件采用传统制造技术无法实现整体制造,只能分体制造后进行焊接或锁接。而增材制造技术几乎不受制造工艺的约束,可实现"化零为整"的整体制造,从而减少加工和装配工序,缩短制造周期,减轻质量,提高装备的可靠性和安全性。

英国空客防务和航天公司于 2015 年宣布了英国国家空间技术计划的重要成果——第一个铝合金 SLM 成形航天支架,如图 1.5 所示。该支架用于在 Eurostar E3000 卫星上安装遥测和遥控天线,经拓扑优化设计并由 SLM 成形后,质量比原设计减少 35%,而刚度提高 40%。

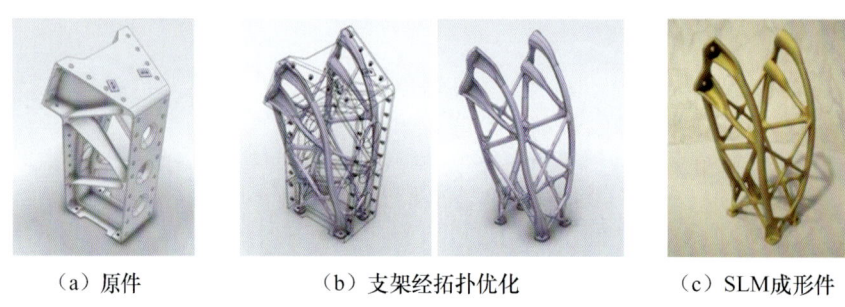

(a) 原件　　　　(b) 支架经拓扑优化　　　　(c) SLM 成形件

图 1.5　铝合金航天支架原件、拓扑优化及 SLM 成形件

4. 制造智能构件

增材制造可以通过四维打印实现构件的形状、性能和功能随时空变化而自主调控,从而满足"变形""变性""变功能"的应用需求,只要实现一个应用需求就认为是实现了四维打印。

美国国家航空航天局提出一种未来智能变形飞机的概念设计构想,如图 1.6 所示。该智能变形飞机的外形可随外界环境发生自适应变化,能在保持整个过程中性能最佳的同时

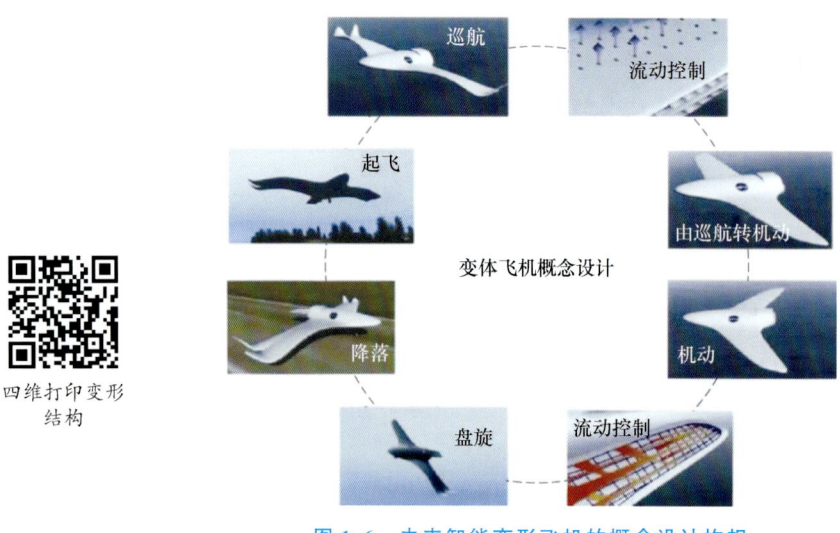

四维打印变形结构

图 1.6　未来智能变形飞机的概念设计构想

降低成本。飞机在巡航、起飞、降落和盘旋时，可以自动响应环境的变化，分别变形至最佳形状，以获得不同状态下的最佳性能。比如，适当改变展长可以使升阻比提高，从而增大航程、增加航时；改变弦长可以优化升阻比，从而提高飞行的速度和机动性；改变机翼的弯度可以增强飞机的机动性。

5. 打印生命器官

五维打印是制造技术与生命科学技术的融合，五维打印的创新将给制造技术、人工智能带来颠覆性的变革发展，将制造的目标产品从非生命体发展为可变形、可变性的生命体。五维打印的核心是制造具有生命功能的组织，为人类提供可定制化制造的功能器官组织。

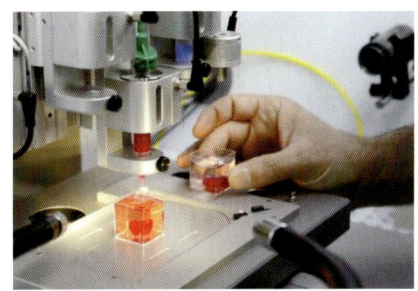

2019 年，科学家以病人自身的组织为原材料，打印出全球首颗拥有细胞、血管、心室和心房的"完整"心脏，如图 1.7 所示。目前，科学家利用研发的水凝胶墨水打印的心脏组织已经可以像真实的心脏一样跳动，当对其心室进行电击时，它可以

图 1.7　全球首颗打印心脏

像真实的心室一样泵血，虽然距离实际应用还有很长的路，但这一步无疑是巨大的进步。

1.3　增材制造技术的特点

与传统制造相比，增材制造技术具有独特优势，其对机械制造和结构工艺性产生的重要影响主要体现在以下方面。

（1）**突破以往产品设计的空间局限**。以往产品设计中，制造的工艺性是必须考虑的因素，而增材制造技术将传统切削加工的三维加工变为二维堆积成形，大大降低了制造复杂度。理论上，只要能在计算机上设计出结构模型，就可以应用该技术在无须刀具、模具及复杂工艺条件下快速地将设计转变为实物。产品制造过程几乎与构件的结构复杂性无关，可实现自由制造，这是传统制造方法无法比拟的。图 1.8 所示为采用增材制造技术成形的复杂结构零件。

 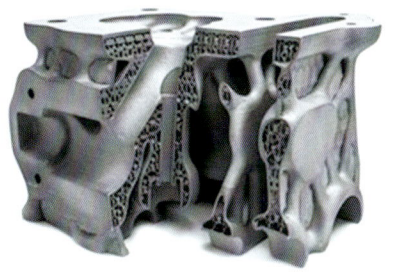 

金属粉末增材制造过程及循环使用

（a）复杂外形结构　　　　（b）复杂内部结构

图 1.8　采用增材制造技术成形的复杂结构零件

（2）**降低产品创新研发成本，缩短创新研发周期**。对设计方案进行仿真优化后，将三维数据转换为标准数据格式（如 STL 文件格式），然后将其导入增材制造装备，就可以直接制

造出产品,因此增材制造产品研制周期短。与传统制造相比,增材制造不必事先制造模具,也不必在制造过程中去除大量的材料,省去了传统加工的许多工序,加工速度高;在生产上可以实现结构优化、节约材料和节省能源,原材料利用率高,符合绿色制造理念。因此增材制造技术适用于新产品开发、快速单件及小批量零件制造、形状复杂零件制造、模具的设计与制造等,也适用于难加工材料的制造、外形设计检查、装配检验和快速反求工程等。

(3) **整体制造,提高产品质量与性能**。增材制造可以将原来难以整体成形的多个构件集合成一个整体,减少构件,由此不但减少了装配工作,而且提高了制造安全性和可靠性。此外,增材制造技术可以优化设计,根据实际需求制造出轻量化构件,实现结构减重,这对航空航天产品有突出价值。

图 1.9 所示为采用增材制造技术成形的微型涡轮喷气发动机,质量约为 3.6kg。该发动机不需要组装,包括所有旋转和固定部件。

(4) **生产传统制造方法无法加工的构件,极大增强工艺实现能力**。增材制造突破了结构几何约束,能够制造出传统制造方法无法加工的非常规结构,这种工艺能力对实现构件轻量化、优化性能有极其重要的意义。增材制造技术可以将设计者从传统构件制造的思想束缚中解放出来,使其将精力集中在更好地实现功能的优化上,而非构件的制造上。图 1.10 所示为采用选区激光烧结(selective laster sintering,SLS)成形的复杂且弯曲空心结构的尼龙材料奖杯。

图 1.9 采用增材制造技术成形的微型涡轮喷气发动机　　图 1.10 采用选区激光烧结成形的复杂且弯曲空心结构的尼龙材料奖杯

(5) **提高难加工材料的可加工性,拓展工程应用领域**。增材制造可以整体成形传统制造方法难以加工的形状和材料,如使用高能束整体成形钛合金、镍基高温合金、陶瓷甚至钨合金等难加工材料,拓展了高性能材料的工程应用范围。图 1.11 所示为钨粉及由钨粉三维打印的零件。

(a) 钨粉　　(b) 由钨粉三维打印的零件

图 1.11 钨粉及由钨粉三维打印的零件

（6）**实现多种材料任意配比的复合材料零件制造**。增材制造能够将不同材料适当融合在一起，形成新的材料，使其具有独特的功能和属性。图 1.12 所示为采用 SLS 将碳纤维混入尼龙粉末后制造的零件。

（7）**适合金属零件的立体修复**。利用高能束源和逐层制造的特点，增材制造技术非常适合金属零件的立体修复。图 1.13 所示为采用激光熔化沉积修复磨损的轴瓦。

图 1.12 采用 SLS 将碳纤维混入尼龙粉末后制造的零件

图 1.13 采用激光熔化沉积修复磨损的轴瓦

尽管增材制造发展迅速，但仍然面临着如下**技术难题**。

（1）增材制造主要集中于产品研发及原型验证或者小批量制造，增材制造产业化还有很长的路要走。

（2）虽然增材制造技术具有独特的优势，但增材制造成本依然较高，制造精度尚不能令人满意，从而未进入大规模工业应用阶段。

（3）增材制造可用的材料种类仍然较少，材料价格高。

（4）增材制造使用的材料表面质量较低，与传统切削工艺相比，采用增材制造技术制造的金属零件表面比较粗糙，零件精度较低。

目前，增材制造技术是传统大批量制造技术的补充，任何技术都不是万能的，传统制造技术仍具有强劲的生命力，增材制造技术应该与传统制造技术互为补充，以形成新的发展增长点。

思考题

1. 什么是增材制造？增材制造由哪些工艺过程组成？
2. 简述增材制造、减材制造和等材制造的定义，并分析三者的区别，各举三个例子。
3. 简述三维打印和四维打印的区别。
4. 增材制造技术对制造技术的突破体现在哪些方面？
5. 简述增材制造技术面临的技术难题。

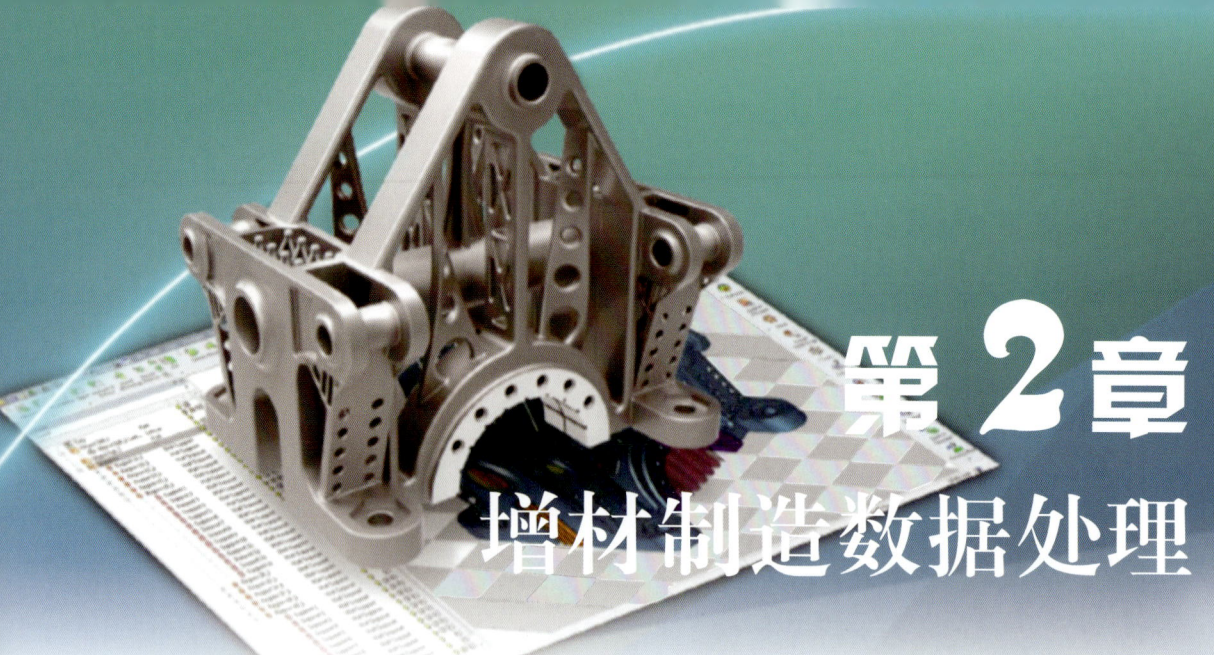

第 2 章 增材制造数据处理

◇ **本章教学要求**

教学目标		
	知识目标	1. 掌握增材制造的制造流程。 2. 学握正向设计及逆向设计的概念。 3. 了解实体建模、曲面建模和参数化建模三种建模方法。 4. 了解正向设计的特点。 5. 了解逆向建模三维信息重建的主要方法。 6. 掌握三维扫描的工作原理。 7. 了解逆向设计对象的特征。 8. 学握模型拓扑优化设计的概念及目标。 9. 熟悉 STL 文件格式的含义及组成。 10. 了解设计支撑结构时需考虑的因素。 11. 掌握支撑结构的生成策略。 12. 掌握分层切片的类型。 13. 掌握三维打印系统中扫描路径的主要方式。 14. 了解增材制造过程仿真分析的主要目的
	能力目标	1. 理解正向设计及逆向设计的概念，培养对实体的建模能力。 2. 结合学习 STL 文件格式及 STL 文件的组成，加深对增材制造流程的了解。 3. 通过对支撑结构、分层切片及扫描路径的学习，理解打印合格成形件的相关要素。 4. 通过学习 Simufact Additive 软件，理解增材制造合格零件涉及因素的复杂性及相关仿真软件预测的重要性

续表

教学内容	1. 三维设计软件正向设计及正向建模。 2. 实体三维扫描逆向设计及逆向建模。 3. 模型拓扑优化设计。 4. 模型的 STL 格式化与支撑结构的添加。 5. 模型切片与路径规划。 6. 增材制造过程仿真分析
重点难点及 解决方法	1. 对增材制造流程的讲解，通过实例阐述。 2. 对产品三维扫描建模方式，可以进行拓展性的讲解。 3. 模型拓扑优化设计可以围绕航空航天零件实例讲解。 4. Simufact Additive 增材制造过程仿真分析可以通过加工及仿真的结果说明仿真预测的重要性
学时分配	授课 4 学时

增材制造的制造流程如图 2.1 所示。在制造之前，需要描述待制造物体的三维模型。首先，通过设计建模或对实物扫描重建模型得到数字化的三维模型，三维模型的常用存储格式是 STL 文件格式；其次，由于增材制造多以单方向逐层式打印方式实现，为保证打印的可实现性，需要进行模型可打印处理，主要指添加支撑结构等；再次，将处理后的模型切片生成打印设备使用的 G-code 文件，并传输给打印设备实现打印；最后，打印完成后，视需要进行后处理（如去掉支撑结构、表面抛光处理、长时间保存处理等），以优化成形质量。

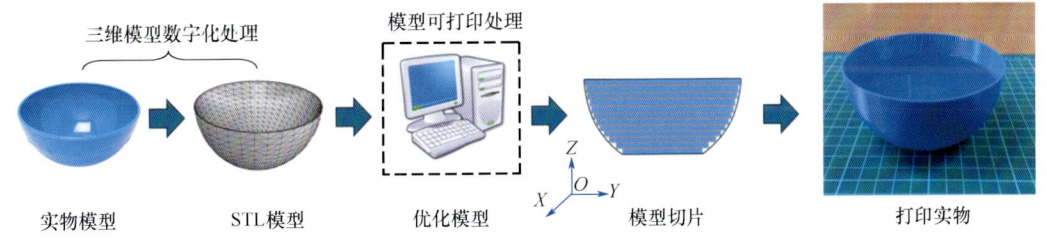

图 2.1 增材制造的制造流程

2.1 三维模型构建

三维模型数字化处理是增材制造的第一步，构建三维模型的方法主要有两种：一是使用建模工具生成的正向设计技术；二是通过曲面重构生成的逆向设计技术。

2.1.1 三维设计软件正向设计及正向建模

正向设计就是在从概念到实物的过程中利用绘图或建模等手段预先做出产品设计原型，然后根据原型制造产品。一直以来，产品设计的开发都要遵循严谨的研发流程，包括功能与规格的预期方针确定，构思产品的零部件需求，各零部件的设计、制造，以及检验零部件组装、检验整机组装、性能测试等程序。此类开发工程通称正向工程（forward engineering）。它是最基本、最传统的产品设计制造方法。

正向建模是从概念出发，根据物体的功能、结构和外观等设计需求，利用计算机辅助建模软件（如 AutoCAD、SolidWorks、Pro/Engineer、UG、CATIA、3DS MAX、MAYA、Rhino、ZBrush 等）从零开始、自上而下构建三维模型的过程，是传统的模型设计技术。根据建模思想的不同，建模方法可分为实体建模、曲面建模和参数化建模三种。

1. 实体建模

实体建模（solid modeling）是指通过数学上定义的几何信息和位相数据展现三维形状的建模方法，常用的有边界描述法和构造实体几何法。实体建模一般用于设计规则的几何形状，它包含了实体的数据，可以对整个三维物体进行完整的表述，使模型具有明确的体积等数据，能够满足物理性能计算，还可以通过定义实际使用的材料计算出质量、重力等参数并分析工程需求。

SolidWorks 是世界上第一个基于 Windows 开发的三维 CAD 系统。SolidWorks 操作简单方便、易学易用。SolidWorks 拥有高效的装配设计功能，能够动态查看装配体的所有运动，并且可以对运动的零部件进行动态的干涉检查和间隙检测。图 2.2 所示为用 SolidWorks 创建的小车实体模型及三维打印成品。

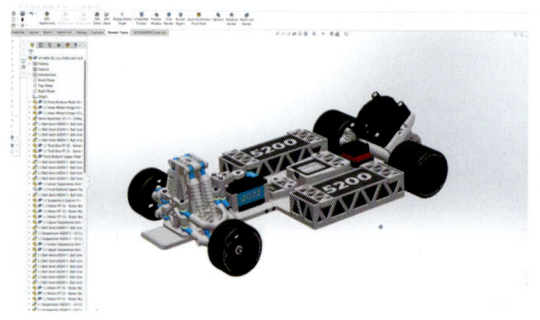 

（a）SolidWorks创建的实体模型　　　　　　（b）三维打印成品

图 2.2　用 SolidWorks 创建的小车实体模型及三维打印成品

2. 曲面建模

曲面建模（surface modeling）是指通过定义曲面［多为 NURBS 曲面、Polygon 曲面（多边形曲面）或 Subdivision 曲面（细分曲面）］展现形状的建模方法。

NURBS 曲面建模是一种基于控制点和权重的参数化建模方法。其核心是通过非均匀有理 B 样条（non-uniform rational B-spline）曲线和曲面构造几何体。建模过程中，用户通过调整控制点、权重及节点参数，精细控制曲面形状，从而构建出具有高精度、复杂曲率变化的曲面结构。

Polygon 曲面建模是一种以三边或三边以上的空间几何表面为基本构件的建模方法。该方法通过连接三维空间中的多个点形成边，再通过封闭的边构成面，进而构建出完整的空间结构。

Subdivision 曲面建模是介于 NURBS 曲面建模和 Polygon 曲面建模之间的一种建模方法，同时具备 NURBS 曲面建模和 Polygon 曲面建模的优势，可以像 NURBS 曲面建模光滑地调节曲面，也可以像 Polygon 曲面建模任意编辑点、边、面。图 2.3 所示为 Subdivision 曲面建模得到的人体头像模型。

3. 参数化建模

参数化建模（parametric modeling） 也称基于特征建模，它是一种将模型中的定量信息参数化，建立图形约束、几何关系与尺寸参数的对应关系，通过调整参数值控制几何形状的建模方法。参数化建模时，根据需要的三维模型表现方式选择适宜的建模工具，常用的参数化建模软件为 Rhino。Rhino 是美国 Robert McNeel & Associates 公司开发的专业三维造型软件，拥有强大的三维模型设计、造型能力，尤其在创建 NURBS 曲线、曲面方面功能

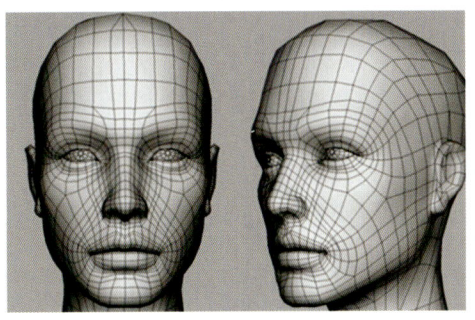

图 2.3　Subdivision 曲面建模得到的人体头像模型

强大，同时提供丰富的拓展接口，用以装载实用插件，使用方便、灵活。此外，Rhino 内置参数化设计程序 Grasshopper，可以通过名为"电池"的诸多组件，快速实现模型的建立、修改与转存。图 2.4 所示为利用 Rhino 设计的参数化几何模型。

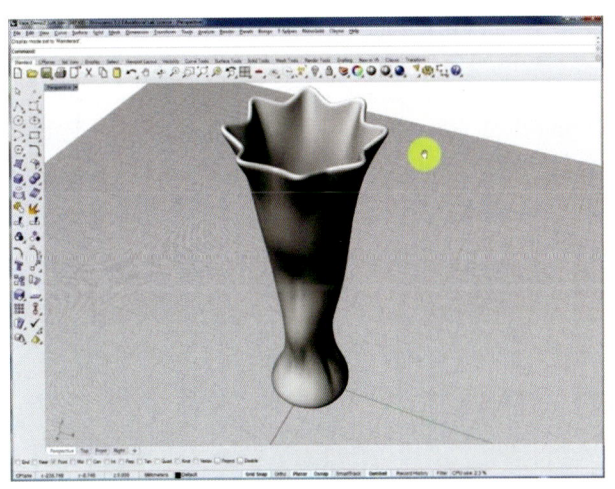

Rhino参数化构建壳体结构

图 2.4　利用 Rhino 设计的参数化几何模型

4. 正向设计的特点

通过上述对产品正向设计过程的分析可以看出正向设计的主要特点如下。
（1）在结构上，设计阶段明确。
（2）在产品信息控制上，不同的设计、制造阶段及部门中，信息的操作者、操作对象、操作方式都可能不同，因此难以保障产品信息控制的连贯性和统一性。
（3）在信息传递处理上，各个设计阶段都输出信息，基本数据将不可避免地出现重复，因此信息处理是间断的。
（4）在使用方法上，各个阶段使用的技术是隔离的，形成了很多"思维孤岛"，很难实现产品设计过程的集成。

在产品的正向设计工作中,尽管采用了先进的设计方法和先进的设计工具,但仍存在产品开发效率低、产品研制经费高、产品开发周期长、产品设计反复次数多等无法解决的问题。尤其是对于复杂的产品,正向设计的不足突显。正是在这种背景下,自然发展并形成了逆向设计。

2.1.2 实体三维扫描逆向设计及逆向建模

1. 逆向设计

逆向设计(reverse design)也称反求设计,是指与产品设计有关的反求活动,以及在此基础上的创新设计。逆向设计以先进产品、设备的实物、软件(图纸、程序、技术文件)或影像(图片、照片等)为研究对象,应用现代设计理论方法、生产工程学、材料学等相关专业知识进行系统、深入的分析和研究,探索掌握其关键技术,进而开发出同类先进产品。逆向设计的目的是创新,在逆向设计基础上改进创新,从而得到性能更高、价格更低、更能满足市场需求的新产品。经反求创新开发的产品继承了原产品(参考物)的精华,汲取了原产品的优点,故开发出的产品技术比较成熟,使企业在自行开发中少走弯路,缩短了新产品的开发周期,降低了开发成本,为企业快速占领市场创造了有利条件。因此,逆向设计是新产品开发的有效途径。

目前,国内外大多数有关反求工程问题的研究都集中在几何形状,即重建产品样件的CAD模型方面。针对现有工件(样品或模型),首先利用三维数字化测量仪器准确、快速地测量其轮廓坐标,获取三维点云数据,然后根据该数据构建曲面进行创新设计,最后通过CAM编辑数控(numerical control,NC)加工路径,并送至计算机数控(computer numenical control,CNC)机床进行模具加工,或者通过增材制造技术将样品模型制作出来,实现量产,此过程称为逆向工程。图2.5所示为逆向工程流程。

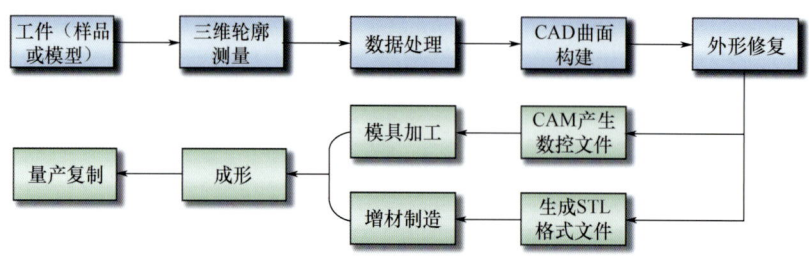

图 2.5　逆向工程流程

2. 逆向建模

逆向建模是将已有产品或实物模型转化为工程设计模型和概念模型,并在此基础上对已有产品进行解剖、深化、再创造的过程。逆向建模一般通过对多通道二维信息及其他相关信息的处理和综合来重建三维信息。目前,三维信息的重建方法主要如下。

(1)通过正投影得到的二维工程图样反求三维实体模型。这类方法常应用于机械领域的逆向工程中。具体方法是从工程图提取三维物体的二维投影信息,通过对这些信息的分类、综合等一系列处理,在三维空间重构对应的三维物体信息,从而实现三维物体的自动重建。

（2）基于体层成像原理，利用**计算机体层扫描（computed tomography，CT）**、超声等技术，将获得的二维切片图重构成三维模型。这类方法主要应用于医学影像处理和增材制造等领域。

基于体层成像的三维重建是根据输入的体层图像序列，采用图像处理与图像分割构建出待建目标的三维模型的过程。体层成像技术通常是基于X射线或激光等在穿透被测物体时，通过测量物体的反射能量或者吸收能量，获得物体内部结构信息的一种成像技术。例如采用计算机体层扫描、核磁共振成像等均产生二维分层的图像序列，重构这些图像层就形成三维空间规则体数据，其中图像上的像素点对应网格节点，灰度值对应体数据。图2.6所示为基于体层成像的三维重建过程。

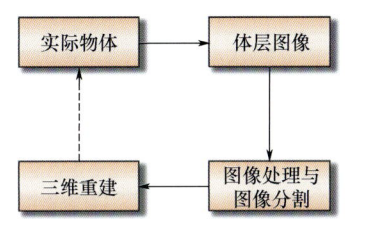

人体CT扫描原理

图2.6　基于体层成像的三维重建过程

（3）利用视觉重建技术，采用计算机视觉方法进行物体的三维模型重建，即利用数字摄像机作为图像传感器，综合运用图像处理、视觉计算等技术进行非接触式三维测量，然后利用计算机程序获取物体的三维信息。基于计算机视觉的三维重建技术是指由两幅或两幅以上二维图像恢复空间物体的几何信息。立体视觉三维重建流程如图2.7所示，首先在两幅图像上找出对应匹配点，其次求出数字摄像机的内、外参数，并利用对应匹配点和数字摄像机参数计算出对应点的三维坐标，再次对获得的三维点云进行三角剖分（把曲面剖分成一个个满足一定条件的三角形），最后通过纹理映射（将纹理贴到对应像素点上）恢复物体的三维形貌。

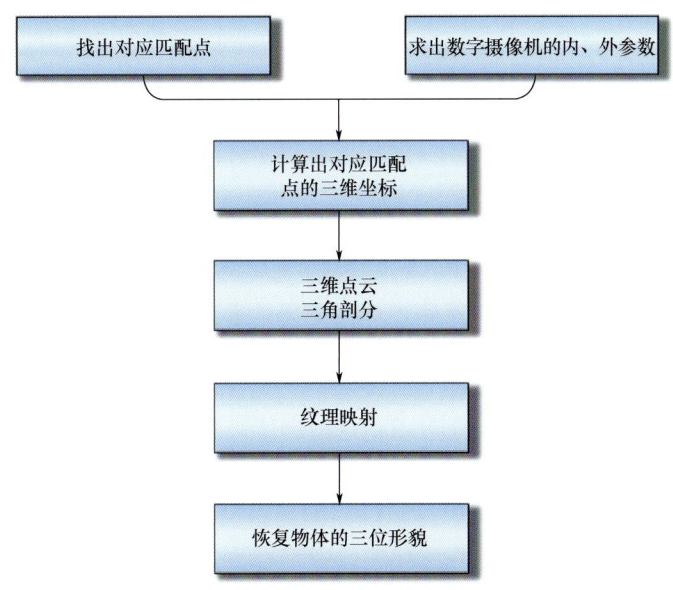

图2.7　立体视觉三维重建流程

（4）利用三维扫描技术对物体进行高速、高密度测量，输出三维点云数据，根据该数据重构三维模型。三维扫描重建是对样件原型进行三维坐标数据采集，继而对采集的数据进行数据处理，然后进行模型重构，得到实物样件的数字化模型，并在此基础上进行生产加工或二次开发的过程。

图 2.8 所示为利用三维扫描技术重构模型的流程。

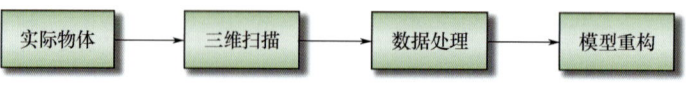

图 2.8　利用三维扫描技术重构模型的流程

三维扫描是集光、机、电和计算机技术于一体的高新技术，主要用于扫描物体空间外形和结构，以获得物体表面的三维坐标信息。三维扫描能够将实物的立体信息转换为计算机能直接处理的数字信号，为实现实物数字化供了方便、快捷的手段。图 2.9 所示为三维扫描示意图及扫描现场。

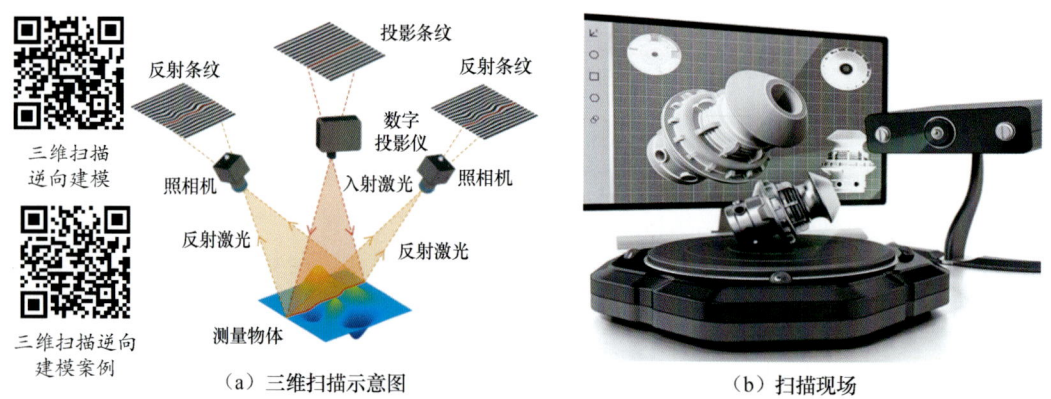

（a）三维扫描示意图　　　　　　　　（b）扫描现场

图 2.9　三维扫描示意图及扫描现场

数据处理是对采集到的数据进行多视拼合、去除噪声、精简、修补等处理工作。数据处理是模型重构前的必要准备，在整个重构模型流程中十分关键。

模型重构就是运用一定的逆向工程软件对点云数据进行处理，最终生成实物样件的三维数字化模型，并输出与 CAD/CAM/CAE 匹配的文件格式（如 IGES、STL、DXF 等）。

3. 逆向设计的特点

逆向设计的关键是反求分析。通过反求分析，全面、深入地了解反求对象的原理方案、功能、零部件结构尺寸、材料性能和加工装配工艺等，明确其关键功能和关键技术，然后在反求分析的基础上进行测绘仿制、变参数设计、适应性设计或开发性设计。逆向设计的对象（反求对象）具有以下特征。

（1）由于反求对象一般都是当前市场急需的产品，市场要求产品开发具备快速反应的能力，因此产品开发模式必须具备群组协同、并行的能力。

（2）由于在从逆向设计到创新设计的过程中必须经过反复修改，势必产生大量数据，因此需要很好的数据维护和设计过程跟踪能力。

（3）由于反求对象都是同类产品中技术比较领先且成功的、具有高附加值的产品，因此需要先进的反求技术和反求工具,并且工具之间要满足高度集成、可数据共享。

2.2 模型拓扑优化设计

拓扑优化设计是一种根据给定的负载情况、约束条件和性能指标(包括共振频率、承载能力等),在给定的区域优化材料分布的数学方法。它是结构优化的一种,能够有效实现结构的减重设计。拓扑优化设计需要借助**有限元分析**(finite element analysis,FEA),通过分析当前结构受力情况,找到最适合移除的材料区域。但是,拓扑优化设计得到的结构通常较复杂,受到传统制造工艺的限制,最终制造出的结构难以达到最佳效果。而增材制造技术采用"逐层叠加"的思路,制造自由度极高,特别适用于复杂结构的成形,因此,**增材制造技术和拓扑优化具有天然的高契合度**。

目前,结构拓扑优化的主要研究对象是连续体结构。传统的拓扑优化使用有限元分析进行设计性能评估并生成实现以下目标的结构:①提高刚度重量比;②具有更好的应变能重量比;③减小材料体积与安全系数比。

自 21 世纪初以来,拓扑优化概念普遍应用于 SolidWorks、Autodesk 等 CAD 软件应用程序中。特别在工程产品设计中,拓扑优化被用于新产品的设计阶段,以提高刚度重量比。例如,对于图 2.10 所示的悬挑支架,需要在满足受力时的结构强度要求下,尽可能通过镂空减重,因此需要对结构进行连续体拓扑优化设计,**具体优化步骤**如下。

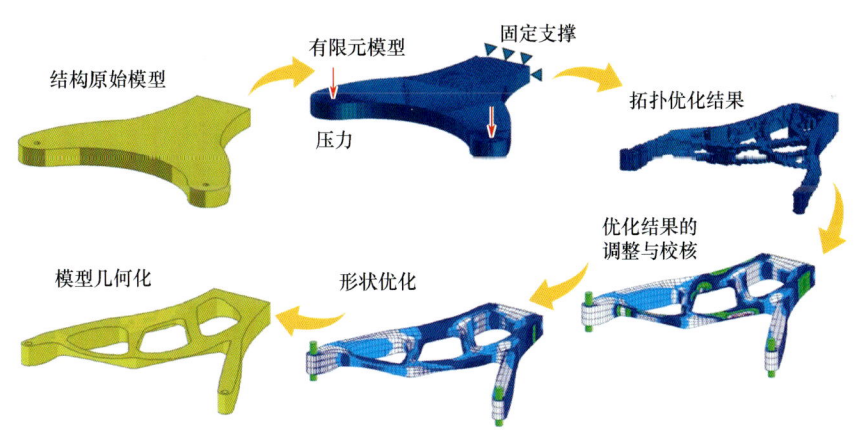

图 2.10 悬挑支架的拓扑优化过程

(1)取得原始未优化的几何结构,确定结构优化设计的空间及范围。

(2)对结构进行有限元分析,包括网格划分、载荷与边界条件设置。

(3)明确优化的目标,设计目标应该与实际应用需求匹配,本例优化目标为最小化结构的重量,随后根据优化目标和有限元分析结果,采用适当算法,对结构中的材料分布进行优化。这一步会重复迭代多次,以找到最优设计方案。

(4)因第(3)步得到的优化结构往往很粗糙,故需要在优化结果的基础上调整或修改结构;同时要对优化结果进行校核和评估,确保设计满足目标和约束条件,论证优化设计的有效性。

(5) 面向工程上的需要（如可加工性等）对结构进行形状优化，并进行最终校核。

(6) 进行模型几何化，取得优化方案的 CAD 模型，完成最终优化设计。

对产品进行拓扑优化设计时，由于需要平衡各类因素并确定最优设计方案，并通过有限元分析提前考虑各类因素，因此可以很大程度地避免设计失败；拓扑优化设计最吸引人的在于可以减小不必要的质量，对航空航天领域尤为重要；拓扑优化设计可以最大限度地减少使用的材料，降低成本。

2.3 模型的 STL 格式化与支撑结构的添加

采用三维打印设备进行快速成形制造之前，需要用户提供目标产品的源文件。这里的目标源文件就是三维打印设备可识别的三维模型数据文件（最常用的是 STL 文件）。

2.3.1 STL 文件格式

STL（stereo lithography）文件格式是美国 3D Systems 公司提出的一种 CAD 与三维打印系统之间的数据交换格式，最初应用于 3D Systems 公司发明的 SLA 工艺，这也是该文件名称的来源。由于 STL 文件格式简单，对三维模型建模方法无特定要求，因此所有的三维打印系统都能接收 STL 文件进行加工制造，而且几乎所有的 CAD 系统都能把 CAD 模型由自己专有的文件格式导出为 STL 文件格式。STL 文件格式已成为三维打印领域事实标准的数据输入格式，在逆向工程、有限元分析、医学成像系统、文物保护等方面有广泛的应用。

STL 文件格式中的 STL 三个大写字母可译为标准三角语言（standard triangle language）、标准曲面细分语言（standard tessellation language）和立体光刻语言（stereo lithography language）等，这些从不同侧面表达了该文件格式描述的信息与用途。

STL 文件是由若干空间小三角形面片组成的集合，每个三角形面片都用三角形的三个顶点和指向模型外部的法向量表达。这种文件类似于有限元的网格划分，即将物体表面划分为很多个小三角形，用很多个三角形面片逼近 CAD 自由曲面实体模型，逼近精度通常由曲面与三角形面的距离差或者曲面与三角形边的弦高差控制。对于实体模型而言，三角形网格化误差越小，曲面越不规则，需要的三角形面片越多，STL 文件越大。**STL 模型的精度直接取决于离散化时三角形面片的数目。**

CAD文件和STL文件的差异

在 CAD 系统中输出 STL 文件时，设置的精度越高，STL 模型的三角形面片越多，文件越大。图 2.11 所示为原始 CAD 模型及不同分辨率的三角化表示。

   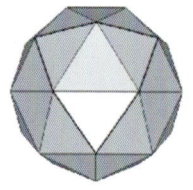

(a) 原始CAD模型　　　(b) 精细分辨率　　　(c) 半精细分辨率　　　(d) 粗分辨率

图 2.11　原始 CAD 模型及不同分辨率的三角化表示

STL 模型是以三角形面片集合表示物体外轮廓形状的几何模型。在实际应用中对 STL 模型数据是有要求的,尤其是在 STL 模型广泛应用的三维打印领域,STL 模型数据只有经过检验才能使用。检验主要包括两方面的内容:STL 模型数据的有效性检查和 STL 模型的封闭性检查。有效性检查是检查模型是否存在裂隙、孤立边等几何缺陷;封闭性检查是检查所有 STL 三角形面片是否围成一个内外封闭的几何体。

由于 STL 模型仅记录物体表面的几何位置信息,没有表达几何体之间关系的拓扑信息,因此在重建实体模型中,凭借位置信息重建拓扑信息是十分关键的步骤。另外,因实际应用中的产品零件(结构件)绝大多数是由规则几何形体(如多面体、圆柱等)经过拓扑运算得到的,故对结构件模型的重构而言,拓扑关系重建显得尤为重要。

在利用各类设计软件得到待打印的 STL 模型后,需要对设计的 STL 模型进行修复、布局、文件转换、分析和测量、生成支撑结构和切片文件等一系列处理工作,然后得到满足三维打印设备需求的打印文件,最后将打印文件导入三维打印设备进行打印。目前,处理 STL 文件常用的软件是 Materialise Magics。该软件除具有上述功能外,还具有强大的布尔运算、三角缩减、光滑处理、碰撞检测等功能,可以在短时间内改正有问题的 STL 文件,从而提高三维打印的效率和质量。Materialise Magics 软件界面如图 2.12 所示。

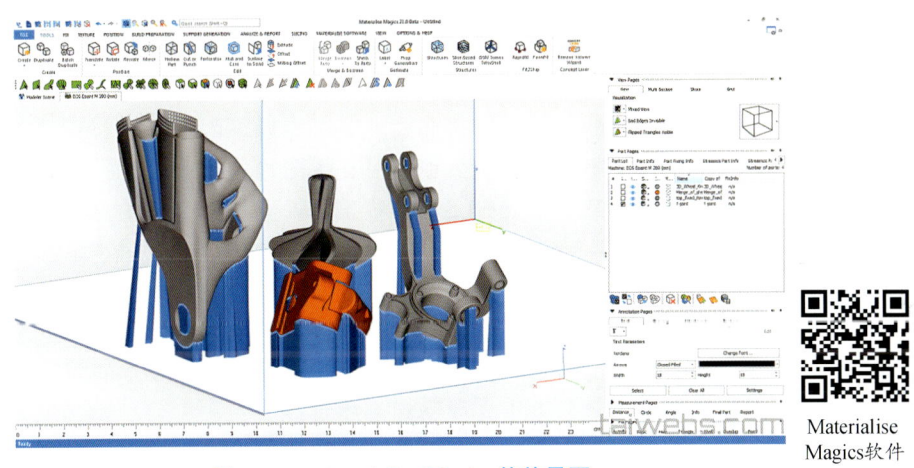

图 2.12 Materialise Magics 软件界面

Materialise Magics 具有如下功能。

(1) 三维模型的可视化。在 Materialise Magics 中可清楚地观看 STL 模型中的任何细节,并可进行测量、标注等。

(2) 自动检查和修复 STL 文件错误。Materialise Magics 可以检测和修复 STL 模型中的几何缺陷及错误,如非连通曲面、孔洞、壁厚问题等。它还提供强大的修复工具,可以对模型进行切割、镜像、分割和组合等操作。

(3) 三维打印工作的准备功能。Materialise Magics 能够接受 Pro/Engineer、UG、CATIA 等软件导出的 STL、DXF、VDA、IGES、STEP 等格式文件,以及 ASC 点云文件、SLC 层文件等,并将其转换为 STL 文件后直接编辑。

(4) 能够快速、方便地将多个零件放置在加工平台上。Materialise Magics 可以从库中调用不同三维打印设备的参数,方便放置零件,利用底部平面功能能够快速将零件转为所希望的成形角度。

（5）分层功能。Materialise Magics 可将 STL 文件切片并输出不同的文件格式（SLC、CLI、F&S、SSL），并可快速、简便地执行切片校验。

（6）STL 操作。Materialise Magics 可直接对 STL 文件进行修改和设计操作，包括移动、旋转、镜像、阵列、拉伸、偏移、分割、抽壳等。

（7）支撑结构设计模块。Materialise Magics 可在很短的时间内自动设计支撑结构，且有多种支撑形式供选择。

Materialise Magics 是一款专业强大的增材制造辅助设计软件，也是理想的 STL 文件解决方案，为处理平面数据的易用性和高效性确立了标准，提供了先进的、高度自动化的 STL 操作。

2.3.2 支撑结构

在模型预处理后，为了确保构件模型顺利成形，往往需要为构件模型添加支撑结构，以防止在成形过程中出现坍塌、翘曲、裂缝等。支撑结构的生成效率直接决定三维打印软件数据处理的性能，生成的支撑结构越优化，则支撑结构在成形过程中能够提供越稳定的支撑效果，且消耗越少的支撑材料。由于支撑生成技术直接关系增材制造数据处理和成形的效率、成形的质量及成本，因此生成支撑结构是增材制造数据处理中至关重要的一环。

随着支撑生成技术的不断发展，越来越多的研究人员致力于支撑结构优化的研究，以提高支撑结构的生成效率、减少支撑耗材。

一般情况下，设计模型的支撑结构时需要充分考虑以下因素。

（1）工艺方法的区别。不同增材制造工艺对支撑结构的要求不同。有些工艺，因成形方式不同，根本不需要支撑结构，如 SLS；有些工艺，必须为模型的悬空部位添加支撑结构，如熔融沉积成形（fused deposition modeling，FDM）；有些工艺，添加支撑结构的目的是防止模型出现应力变形，如 SLM。

（2）材料的性能。增材制造的原材料主要有塑料、树脂、陶瓷、石蜡、金属粉末及丝材等。材料性能（如力学性能、导热性能等）不同，对支撑结构产生的影响不同。

（3）构件的成形精度要求。由于支撑结构最终将被去除，去除过程必定对构件的表面精度造成影响，因此对于一些表面精度要求较高的构件，设计支撑结构时应尽量减小支撑体与构件的接触面积。

（4）支撑结构的自支撑性。因支撑结构用于在增材制造过程中为构件的悬空部分提供支撑，故支撑结构必须具有支撑性。

（5）支撑结构的强度和稳定性。支撑结构需具有一定的强度和稳定性，以保证在成形过程中自身及构件不会发生变形和垮塌。

支撑结构通常由与打印材料相同或类似的材料制造而成，在打印完成后较易移除。设计良好的支撑结构能够在保持模型稳固的同时，尽量减少对模型表面造成的损坏。在一些三维打印软件中，用户可以根据需要自定义支撑结构的位置、密度和形状，以便更好地适应特定模型的打印需求。合理设置支撑结构，可以在一定程度上减少打印时间和材料的使用量，同时确保打印出高质量的三维模型。图 2.13 所示为不添加支撑结构与添加支撑结构的成形效果对比。

按生成的支撑结构形态特征，支撑结构生成策略可分为以下几类。

（1）垂直阵列支撑策略。垂直阵列支撑策略往往采用在网格模型的悬垂区域下方填充

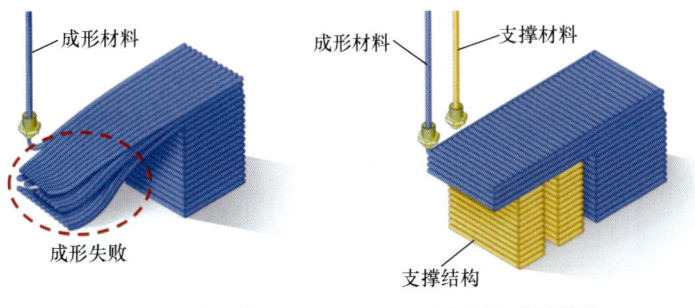

(a)不添加支撑结构　　　　(b)添加支撑结构

图 2.13　不添加支撑结构与添加支撑结构的成形效果对比

一些简单的结构单元（如柱、块、网、蜂窝等），并使生成的支撑结构垂直接触增材制造构件。垂直阵列支撑结构如图 2.14 所示。由于垂直阵列支撑结构的生成方法简单且强度高，因此在三维打印软件中应用广泛。然而这种支撑结构在支撑形态上不紧凑，并且在实际制造中存在严重的支撑材料浪费问题。

（2）**T形支撑策略**。T形支撑策略采用的支撑结构下端为一条较粗的主干，起稳定支撑的作用，能够将力量传递到打印平台上；上端为一条

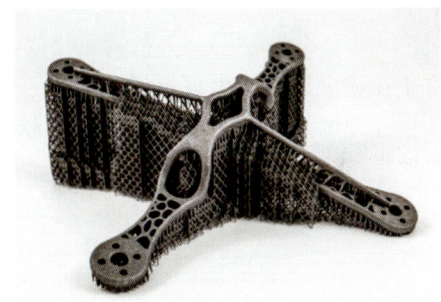

图 2.14　垂直阵列支撑结构

横向的主干，主要用于支撑模型中间的桥状悬空部分，从侧面看类似一把锤子，如图 2.15 所示。这种支撑结构主要用来支撑模型中间的桥状悬空部分，因接触面积较大，故后期剥离需要细心处理。

(a)打印件正面　　　　　(b)打印件侧面

图 2.15　T形支撑结构

（3）**长条状线性支撑策略**。长条状线性支撑策略采用的支撑结构主要用于支撑悬垂角度超过 45°的模型部分。由于这种支撑结构（图 2.16）呈细长条状，整体像一条线一样笔直，因此被称为线性支撑，它在三维打印过程中的使用频率很高。因为这种支撑结构与模型的接触部分只有上端的一个点，所以在后期分离过程中比较方便，极少发生粘连而难脱离的问题。

（4）**树形支撑策略**。树形支撑策略采用细杆结构支撑模型悬垂区域，并通过将多个细杆结构合并为树枝结构的方式，在模型表面或者打印基台上形成树形支撑结构（图 2.17）。

图 2.16　长条状线性支撑结构

图 2.17　树形支撑结构

2.4　模型切片与路径规划

2.4.1　三维模型切片

三维模型切片是指将工件的 STL 模型转化为一系列二维截面图形，并根据这些图形生成三维打印设备的控制指令。三维模型切片形成指令原理如图 2.18 所示。先将 CAD 模型转化为 STL 模型，再对 STL 模型进行切片，形成可以控制三维打印设备运动的控制指令。

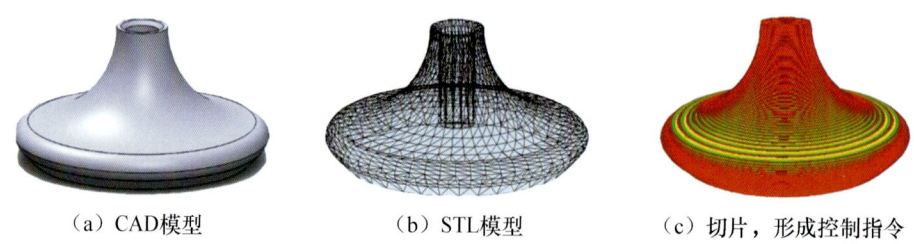

（a）CAD模型　　　　　　（b）STL模型　　　　　（c）切片，形成控制指令

图 2.18　三维模型切片形成指令原理

确定模型分层方向是三维打印过程中的重要一步。同一个模型可以有不同的分层方向，分层方向不同，模型表面粗糙度、模型加工时间和待支撑区域等都不同。确定最优分层方向，可使模型表面粗糙度和加工时间都达到比较理想的水平。

三维打印设备一般配备切片软件，切片的实质是用轮廓线表达几何模型，这些轮廓线代表模型在切片层上的边界，它由一系列以 Z 轴正方向为法向的平面与 STL 模型经相交计算所得的交点连接而成。根据这些轮廓线可以确定三维打印的路径，并生成三维打印设备的控制指令。**切片厚度称为分层厚度（常简称层厚）**，通常取恒定值，这种分层切片方式称为等厚度分层切片，如图 2.19 所示。分层厚

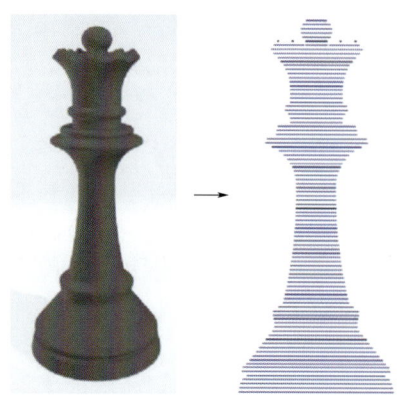

图 2.19　等厚度分层切片

度越小，成形工件的质量和表面精度越高，但加工时间越长。分层厚度可根据不同的增材制造工艺选择，通常为 0.010～0.6mm。

除**等厚度分层切片**外，还有**适应性分层切片**和**CAD 模型直接分层切片**等。适应性分层切片是根据工件的特征自动调整分层切片的分层厚度，在精细、重要的特征部位采用较小的分层厚度，在不重要的部位采用较大的分层厚度，在一般部位采用恒定的分层厚度，如图 2.20 所示。适应性分层切片的优点是能在高成形效率下得到较精确的成形件。CAD 模型直接分层切片不必先将 CAD 模型转化为 STL 模型再进行分层切片，而是根据原始 CAD 模型直接分层切片，如图 2.21 所示。CAD 模型直接分层切片的优点是能提高成形精度，减轻工件表面的台阶效应。

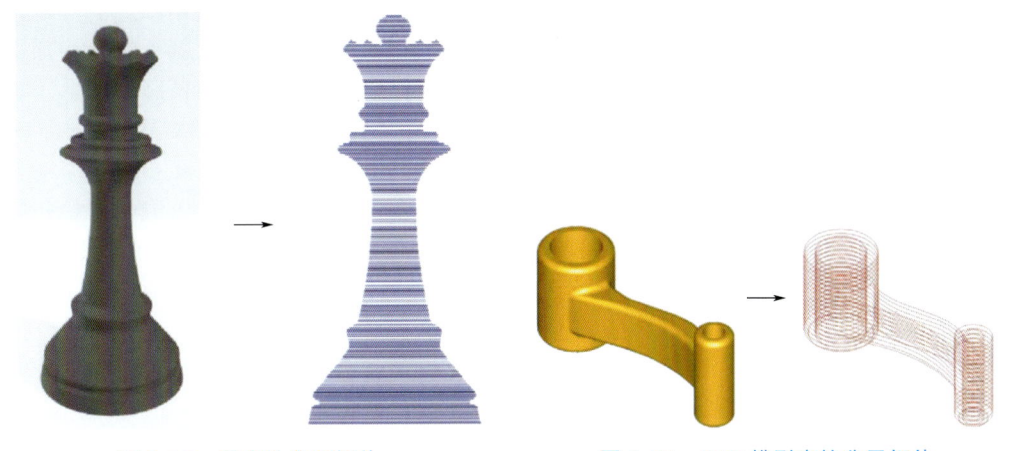

图 2.20　适应性分层切片　　　　图 2.21　CAD 模型直接分层切片

2.4.2　路径规划与填充

在完成三维模型切片后，需要进行路径规划与填充。**路径规划**主要涉及确定每一层的材料沉积路径，以确保零件按照预定的设计轨迹成形，同时避免移动部件的碰撞和过度移动。路径规划需要考虑三维打印设备的运动限制、零件的几何形状及选用的增材制造工艺。

填充是在每一层的路径上进行材料沉积，以实现零件的结构支撑和强度要求。常见的填充模式有网格、条纹、蜂窝、实体等，选择适当的填充模式可以在保证零件强度的同时，降低材料的消耗、缩短加工时间。在填充过程中，还需要考虑材料的收缩率、热应力等，以避免出现变形或裂纹等质量问题。

路径规划与填充是增材制造过程中的关键步骤，其质量直接影响最终零件的精度、表面质量和力学性能。因此，在进行路径规划与填充时，需要综合考虑工艺参数、材料特性和零件设计要求，通过优化算法和试验验证，不断提升增材制造的效率和产品质量。

随着增材制造技术的发展，增材制造的应用范围不断扩大，人们对成形质量和成形效率提出了更高的要求。在三维打印系统中，扫描路径设计直接影响产品的几何质量、强度、刚度、成形效率。目前，三维打印系统中的扫描路径主要有**蛇形扫描**、**岛屿扫描**、**螺旋线式扫描**、**重熔扫描**等，如图 2.22 所示。

四种扫描路径各具特点：蛇形扫描路径应用最广泛，其扫描路径简单、易控制，在其

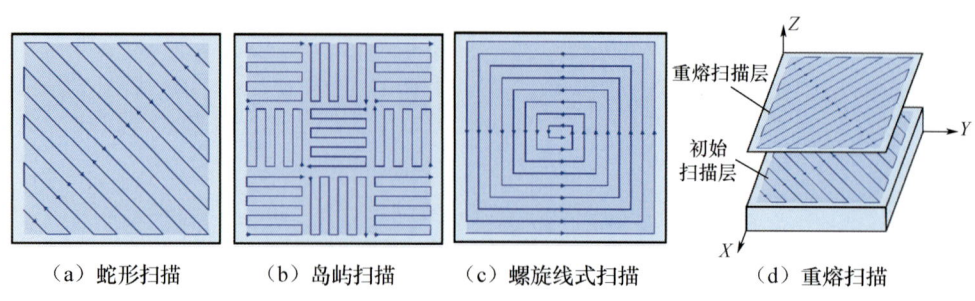

图 2.22 三维打印系统中常见的扫描路径

他工艺参数较合理的情况下,相邻两次扫描间隔短,几乎没有空跳时间,温度衰减慢;岛屿扫描路径是将扫描区域分割成多个小区域并不按相邻次序扫描,其分割了蛇形扫描路径中的长扫描矢量,改为在每个小区域使用短扫描矢量扫描;螺旋线式扫描路径降低了成形件的各向异性及成形件的翘曲变形,并且成形效率高,但其容易造成较大温差,从而产生较大温度梯度;重熔扫描路径是在同一层采用相同或者不同的工艺参数和扫描策略对指定区域进行多次扫描,可以说是不同类型扫描路径的组合,其不仅可以有效避免初始扫描时存在的球化、孔隙缺陷、裂纹、未逸出的气体等,还可以避免层间结合存在的孔隙缺陷,提高综合力学性能。

为了保证成形效率和质量,增材制造技术中的路径规划应遵守以下原则。

(1) 无重叠路径原则:每层上的扫描路径不能交叉或重叠。

(2) 无溢出路径原则:每层上的扫描路径不能超出切片轮廓。

(3) 最少拐角原则:每层上的扫描路径中拐角尽量少。若扫描路径中存在大量的拐角,则会造成进给速度和加速度频繁突变,加剧设备磨损,影响成形效率和质量。

(4) 最小空行程原则:尽量减少每层扫描路径上的空行程和跳刀次数。空行程过多会严重影响成形效率;频繁跳刀会出现"拉丝"现象,影响成形质量。

(5) 其他原则:要有利于成形出表面质量比较好的产品,减小变形量,改善设备的振动等。

2.5 增材制造过程仿真分析

为预测增材制造成形效果,增材制造厂商通常选择 Simufact 仿真软件预测工艺是否合乎需求,以避免由某些设计错误造成的损失。工艺仿真以 CAD 数据为基础,通过有限元、有限体积等方式将工艺设计和优化过程转移到计算机虚拟仿真中,从而有效提高工艺设计效率,并降低工艺设计成本及加工成本。

2.5.1 Simufact 简介

Simufact 是基于有限元法的全球领先工艺仿真软件,适用于金属成形、连接、焊接和金属增材制造的工艺仿真。采用 Simufact 能够进行完整的工艺链仿真,从下料、制坯到多工步塑性成形、冲孔、裁边和后续的热处理,再到机械连接、焊接乃至结构的机械性能分析等。Simufact 可以帮助用户优化工艺仿真流程,提高产品质量,并有效降低成本、缩短上市时间。Simufact 有三条产品线，分别是 Simufact Forming、Simufact Welding、Simufact Additive，产品线完全涵盖了冷成形、热锻、轧制、环轧、钣金成形、机械连接、热处理等工艺仿真，以及常见焊接工艺和金属增材制造工艺仿真。其中 Simufact Additive 是专门用于金属粉床熔融增材制造的工艺仿真分析软件，其采用宏观固有应变技术。Simufact Additive 不仅可以虚拟再现增材制造过程，预测增材制造过程中及结束后结构的变形和最终形状、残余应力，还可以辅助设计和优选增材制造工艺参数（如堆积方向、支撑结构、材料、扫描方向、扫描速度、热源参数等），从而帮助设计人员进行优化工艺设计方案的虚拟验证，最终实现"一次打印即可成功"的目的。图 2.23 所示为 Simufact Additive 支持的分析流程。

图 2.23　Simufact Additive 支持的分析流程

2.5.2　Simufact Additive 对典型叶轮零件过程仿真分析案例

选择典型叶轮零件，借助 Simufact Additive 对其进行 SLM 过程数值模拟。图 2.24 所示为叶轮三维外形有限元模型。

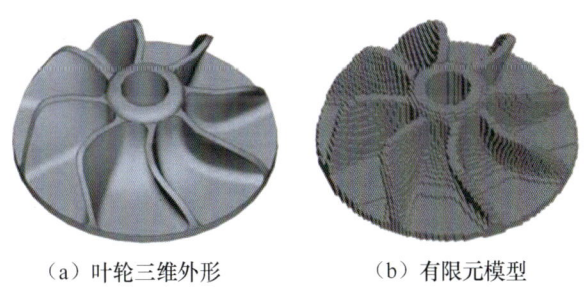

（a）叶轮三维外形　　　（b）有限元模型

图 2.24　叶轮三维外形及有限元模型

将 Simufact Additive 计算得到的 SLM 成形叶轮模型与 CAD 三维外形进行对比，得到二者形状的偏差云图，如图 2.25 所示，其中红色部分为正偏差，表明 SLM 成形尺寸大于理论尺寸，最大正偏差为 0.17mm；蓝色部分为负偏差，表示 SLM 成形尺寸小于理论尺寸，最大负偏差为 -0.1mm。根据预测结果，若采用 SLM 直接成形叶轮零件，则叶片将产生 -0.1~0.17mm 的变形量，如超出公差要求则产生废品。随后进行叶轮 SLM 成形试验，进行退火处理，并采用线切割将成形叶轮与基板分离，得到最终叶轮。借助扫描仪对最终叶轮进行检测，与 Simufact Additive 预测的结果较一致。说明 Simufact Additive 在 SLM 成形过程模拟的可行性。因此，在实际 SLM 成形中，叶片至少需要增大 0.2mm 余量，以弥补叶片产生的变形，然后采用机械加工方法得到合格的叶轮零件。

采用 Simufact Additive 对典型叶轮零件 SLM 成形过程仿真分析的案例说明，该软件的预

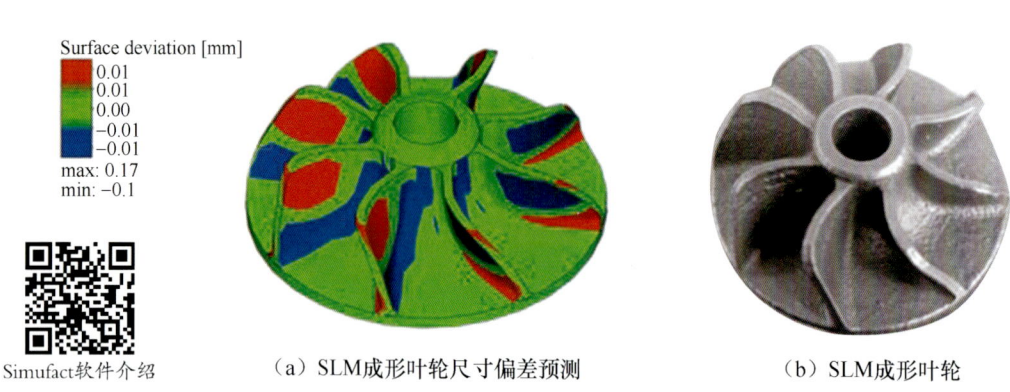

（a）SLM成形叶轮尺寸偏差预测　　　　（b）SLM成形叶轮

图 2.25　Simufact Additive 叶轮优化过程

测结果可以为进一步 SLM 成形零件尺寸补偿及工艺过程优化提供依据，避免产生废品。

思考题

1. 简述增材制造的制造流程。
2. 简述采用三维设计软件正向建模的主要方法及正向设计的特点。
3. 简述三维扫描逆向设计及逆向建模的流程。
4. 什么是模型拓扑优化设计？优化的主要目标是什么？
5. 什么是 STL 文件？它有什么特点？
6. 在设计模型的支撑结构时，需要充分考虑哪些主要因素？支撑结构主要分为几类？
7. 对模型进行切片处理的实质是什么？切片分为哪几类？
8. 常见的扫描路径有哪几种？各有什么特点？

第3章 增材制造技术的主要工艺

◇ 本章教学要求

教学目标	知识目标	1. 掌握增材制造工艺的七大类。 2. 掌握材料挤出的含义及主要工艺的工作原理。 3. 掌握立体光固化的含义及主要工艺的工作原理。 4. 掌握薄材叠层的含义及主要工艺的工作原理。 5. 掌握材料喷射的含义及主要工艺的工作原理。 6. 掌握黏结剂喷射的含义及主要工艺的工作原理。 7. 掌握粉末床熔融的含义及主要工艺的工作原理。 8. 掌握定向能量沉积的含义及主要工艺的工作原理。 9. 了解四维打印及五维打印的含义
	能力目标	1. 理解并掌握七大类增材制造工艺划分的内涵，学会对新增材制造工艺进行划分。 2. 在七大类增材制造工艺中，重点掌握每类中的1~2种工艺。 3. 在掌握七大类增材制造工艺划分依据的基础上，针对不同的目标，学会进行可能的工艺组合
教学内容		1. 增材制造工艺的七大类划分。 2. 材料挤出及其主要工艺。 3. 立体光固化及其主要工艺。 4. 薄材叠层及其主要工艺。 5. 材料喷射及其主要工艺。 6. 黏结剂喷射及其主要工艺。 7. 粉末床熔融及其主要工艺。 8. 定向能量沉积及其主要工艺。 9. 四维打印及五维打印

	续表
重点难点及解决方法	1. 在立体光固化的几种工艺中成形效率及精度是如何体现的？通过典型的数字光合成连续快速实现光固化的增材制造及双光子聚合光固化成形在高分辨率和高精度方面的显著特点进行说明。 2. 对多射流熔融成形精度提高的理解，其核心在于通过熔合剂喷射成形，以及在需要减弱边界熔融效果的位置有选择性地喷射精细剂，从而得到具有清晰、平滑边缘的成形件。 3. 对于选区激光烧结与选区激光熔化的区别，在授课过程中可以采用对比的方法说明相同点和差异点
学时分配	授课 6 学时

在增材制造技术的发展过程中产生了几十种增材制造工艺，这些工艺适用的原材料形态、原材料种类、成形方法、后处理过程各不相同。为了对增材制造工艺进行统一分类，美国材料与试验协会、国际标准化组织及我国国家标准都将增材制造工艺分为<u>七大类：材料挤出、立体光固化、薄材叠层、材料喷射、黏结剂喷射、粉末床熔融、定向能量沉积</u>，如图 3.1 所示。本章将按该分类方法对七大类增材制造工艺进行阐述，对于涉及金属增材制造的方法将在第 4 章详细阐述，将目前无法明确归类的新工艺归到其他类。

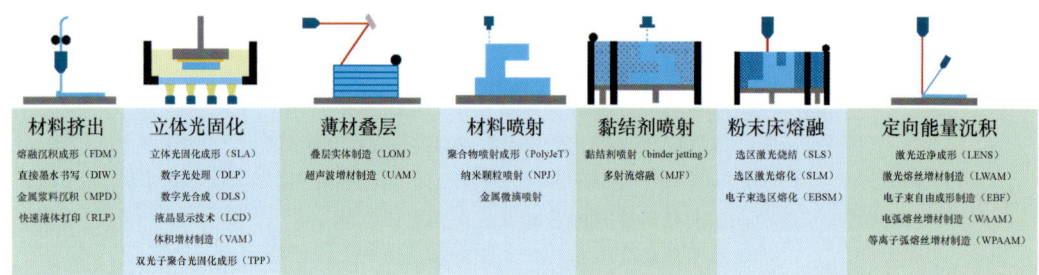

图 3.1 增材制造工艺分类

3.1 材 料 挤 出

材料挤出是指通过喷嘴或孔口挤出材料的增材制造工艺，其原材料为线材或膏体。在热、超声波或化学反应等激活源的作用下，熔融状的线材或膏体被挤出喷嘴或孔口后，按预定的轨迹运动形成当前层，各层之间通过热黏结或化学反应黏结形成三维形状，最后固化成形，得到实体零件。

材料挤出的原材料不局限于热塑性塑料，巧克力、混凝土、金属、陶瓷等都可以形成线材或膏体，并通过材料挤出进行增材制造。

3.1.1 熔融沉积成形

1. 熔融沉积成形的工作原理

<u>熔融沉积成形（fused deposition modeling，FDM）</u>由美国学者斯科特·克伦普（Scott

（Crump）于 1988 年研发成功。随后，斯科特·克伦普申请了美国专利并创立了 Stratasys 公司。1992 年，Stratasys 公司获得了美国专利（US5121329A），并推出了首台基于 FDM 技术的工业级三维打印机。FDM 是一种利用喷嘴熔融、挤出丝材，在控制系统的控制下，按一定扫描路径逐层堆积成形的增材制造工艺，其工作原理如图 3.2 所示。

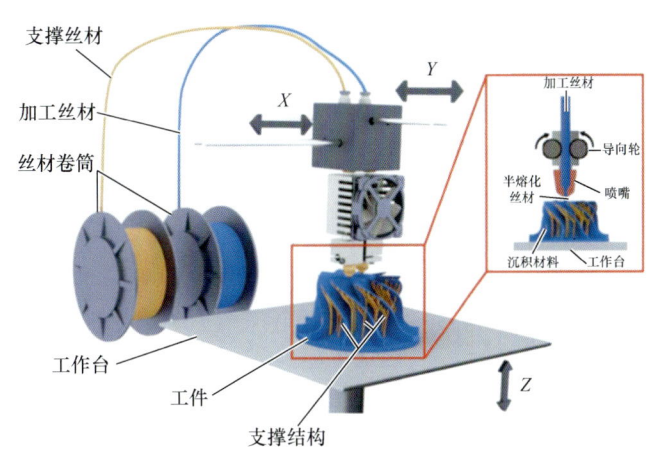

熔融沉积成形

图 3.2　FDM 的工作原理

在 FDM 工艺中，喷嘴将丝材加热熔融、挤出，喷嘴在 X、Y 扫描机构的带动下沿层面模型规定的路径扫描、堆积熔融的成形材料。

FDM 的典型特征是使用喷嘴熔化、挤出成形材料并堆积成形，层与层之间仅靠堆积材料自身的热量扩散黏结。在成形过程中，成形材料被加热熔融后，在恒定压力下连续从喷嘴挤出，而喷嘴在扫描系统的带动下进行扫描运动。当材料挤出和扫描运动同步进行时，喷嘴挤出的丝材堆积形成材料路径，材料路径的受控积聚形成了零件的层片。堆积一层后，工作台下降一层厚度或者喷嘴升高一层高度，开始新一层的堆积，直至零件成形完成。

2. 熔融沉积成形的特点

（1）材料广泛。一般的热塑性材料（如塑料、蜡、尼龙、橡胶等）经适当改性后都可用于 FDM。如果需要支撑结构，支撑材料与成形材料可以是异类异种材料也可以是同种材料。随着可溶解性支撑材料的引入，FDM 支撑结构去除的难度大大降低。

（2）成形零件具有优良的综合性。采用该工艺成形 ABS、PC 等常用工程塑料的技术已经成熟，经检测，使用 ABS 材料成形的零件力学性能可达到注塑模具生产的零件的 60%～80%。使用 PC 材料成形的零件的机械强度、硬度等指标已经达到或超过注塑模具生产的 ABS 零件水平。因此，可用 FDM 直接制造能满足实际使用要求的功能零件。

（3）设备简单、成本低、可靠性高。FDM 靠材料熔融实现连接成形。由于不使用激光器及其电源，因此简化了设备，设备尺寸减小、成本降低。FDM 设备运行、维护容易，且工作可靠。

（4）成形过程对环境无污染。由于 FDM 所用材料一般为无毒、无味的热塑性材料，因此，采用该工艺生产不会对周围环境造成污染；设备运行时噪声很小，适合办公应用。

（5）容易制成桌面化和工业化增材制造系统。

（6）成形精度低，表面质量差。

（7）不易制造复杂构件，制造悬臂件需加支撑结构。

FDM 适用于产品的概念建模及形状和功能测试、中等复杂程度的中小原型成形，不适用于制造大型零件。FDM 生产现场及典型样品如图 3.3 所示。

熔融沉积成形
模拟及加工

（a）FMD生产现场　　　　　　　　（b）典型样品

图 3.3　FDM 生产现场及典型样品

3. 熔融沉积成形的应用

（1）原型设计和快速制造。FDM 在产品设计和开发阶段广泛用于快速制造原型模型，使设计师能够快速迭代和测试他们的设计，从而在产品开发过程中节省时间、降低成本。

（2）医疗领域。在医疗领域，FDM 被用于定制医疗器械、外科手术导板、牙科修复物和助听器外壳等。可以根据患者的具体需求设计和制造这些定制产品，提高了治疗的精准性和患者的舒适度。图 3.4 所示为采用 FDM 定制的膝关节和腕关节支撑矫形器。

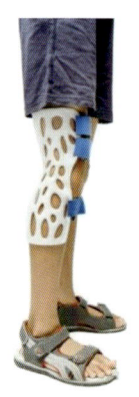
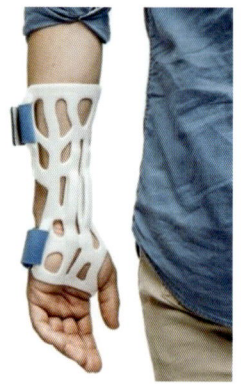

（a）膝关节支撑矫形器　　　　　　（b）腕关节支撑矫形器

图 3.4　利用 FDM 定制的膝关节和腕关节支撑矫形器

（3）汽车工业。FDM 在汽车工业中用于快速制造汽车零部件原型和功能性模型，加速新车型的开发流程，并在生产前进行必要的测试和验证。图 3.5 所示为利用 FDM 制造的汽车发动机气缸模型。

（4）航空航天领域。在航空航天领域，FDM 用于制造复杂的零件和组件，如飞机内部支架和外壳。这些零件通常需要轻量化且由高强度的材料制成，FDM 能够满足这些要求，并避免材料浪费。此外，FDM 还用于成形飞机外形，验证气动设计。图 3.6 所示为

图 3.5 利用 FDM 制造的汽车发动机气缸模型

利用 FDM 制造的亚音速固定翼运输机模型。

图 3.6 利用 FDM 制造的亚音速固定翼运输机模型

（5）教育和研究领域。FDM 在教育和研究领域用于制造教学模型、科研样品和实验设备，以低成本、高效率的方式实现学生和研究人员的创意和研究想法。桌面式 FDM 设备及其成形的教学用品如图 3.7 所示。

（a）桌面式 FMD 设备

（b）教学用品

图 3.7 桌面式 FDM 设备及其成形的教学用品

（6）艺术和设计领域。FDM 被艺术家和设计师用于创作独特的艺术品和装饰品。这项技术能够实现复杂的设计和精细的细节，为创意产业提供新的可能性。图 3.8 所示为利用 FDM 制作的艺术品。

图 3.8 利用 FDM 制作的艺术品

（7）建筑模型。在建筑行业，FDM 主要用于制作建筑模型。这些模型可以帮助建筑师和设计师在实际建造之前，更好地展示和评估建筑设计。图 3.9 所示为利用 FDM 制作的建筑模型。

图 3.9 利用 FDM 制作的建筑模型

（8）个性化消费品。根据消费者的个人喜好和需求，制造商可采用 FDM 制造出个性化的消费品，如定制的手机壳、鞋垫等。图 3.10 为利用 FDM 制造的个性化眼镜框架。

图 3.10 利用 FDM 制造的个性化眼镜框架

FDM 对成形材料的要求是熔融温度低、黏度低、黏结性好、收缩率小。常见的成形材料是一些热塑性的丝状材料，包括 ABS、PLA、PC、PC-ABS、PC-ISO、特种石蜡材料等。这些成形材料可用于制造塑料件、铸造用蜡模等。

目前，FDM 可使用的成形材料已经拓展至复合材料、金属材料、混凝土材料、食品及药品等。图 3.11 所示为利用 FDM 制作的彩色糖果。基于 FDM 的三维打印建筑在建筑领域日益受到关注，目前既有装配式三维打印建筑，又有原位三维打印建筑。混凝土材料的挤出固化打印类似于传统的现场浇筑混凝土结构施工，比较符合现有的建筑模式，其打印速度快、打印精度高、打印自由度高。混凝土材料的挤出固化打印现场如图 3.12 所示。

图 3.11 利用 FDM 制作的彩色糖果　　图 3.12 混凝土材料的挤出固化打印现场

熔融沉积成形大型模型

大型建筑物三维打印

3.1.2 直接墨水书写

直接墨水书写（direct ink Writing，DIW） 由美国圣地亚哥大学的 Cesarano 等在 1997 年首次提出。DIW 将油墨沿着一条预定的路线挤压出来并进行后续的固化处理（如热处理、烧结、溶剂挥发和浸泡等），从而得到复杂的打印图案。复杂图案打印的准确性与油墨的物理特性（流变特性等）、运动平台的精确性、打印工艺（打印速度、挤压压力、喷头直径等）有关。与其他增材制造工艺相比，DIW 具有成本低、精度高的技术特性和较广的应用范围，其使用的材料包括导电浆料、弹性体、水凝胶。在流变材料中，自流平油墨（如导电油墨、水凝胶等）具有高可打印性和多功能性，显示出广阔的应用潜力。

1. 直接墨水书写的工作原理

如图 3.13 所示，高黏度液体或固液混合浆料储存在桶内作为墨水材料并连接到喷嘴，

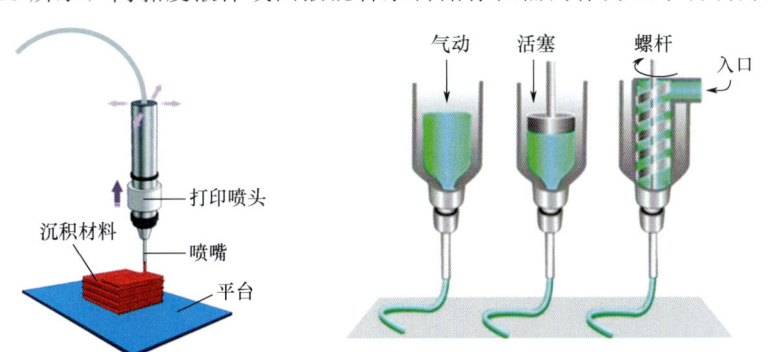

图 3.13　DIW 的工作原理及墨水材料喷嘴挤出方式

喷嘴安装在计算机控制下可完成三维运动的三轴 CNC 平台上，通过机械压力、气动压力或螺杆推动墨水材料使其从喷嘴中连续挤出并预成形在承印物上，其过程如下。

（1）凝胶态的墨水材料在压力驱动下流动并通过打印喷头。

（2）流动态的墨水材料从喷嘴喷出并在指定位置沉积。

（3）沉积的墨水材料恢复凝胶态并维持特定的打印结构。

对打印墨水材料而言，为实现 DIW 打印三维结构，必须同时满足以下要求：①墨水材料具有剪切稀化的流变行为，从而在打印喷头内的高剪切速率和高剪切力作用下连续、稳定地流动，并在打印喷头后的低剪切力作用下迅速恢复凝胶状态；②凝胶状态下的墨水材料具有一定的储能模量，以抵抗重力和表面张力的作用，维持打印结构的稳定性；③墨水材料尽可能均匀，以保证打印过程的稳定性和所得材料性能的鲁棒性。

在打印过程或打印完毕，需要根据材料要求进行相应的后处理（挥发溶剂、热固化、光固化、烧结、浸泡等）以获得最终的三维成形件。

2. 直接墨水书写的特点

DIW 最突出的优势是适用于多种材料，如复合材料、金属、聚合物、陶瓷、水凝胶等。

墨水材料配方设计是 DIW 技术的难点之一。设计墨水材料配方时，需要结合承印材料的内在特性，满足 DIW 的技术要求。墨水材料必须能够从喷嘴中连续、稳定地挤出而不会堵塞。对墨水材料的一般要求如下。

（1）稳定性好，配方中各组分之间的相容性好，不会发生化学反应。

（2）具有一定的黏弹性和剪切稀化性能。需要保证墨水材料顺利地从喷嘴中挤出，保持打印层间良好的附着力。同时，墨水材料在被挤压后必须能"自支撑"，并能保持稳定的形状，层层堆积不易变形塌陷。

（3）固液混合墨水材料还需要有合适的固含量。结合应用要求，墨水材料中的固含量通常大于 45%，这样既可以保证材料在印刷过程中保持良好的形状和完整的结构，又可以减小打印过程中体积和形状的变化，缩短后续的固化和烧结过程。但固含量的增大会直接影响墨水材料的黏度和流变性能，可能导致喷嘴堵塞，增加安全隐患。

后处理固化方式有溶剂挥发、紫外光诱导聚合、胶凝反应、热交联反应等，不同固化方式的固化速率不同，对墨水材料的流变性能和固含量的要求也不同。慢速固化墨水材料必须具有高模量和高固含量，而快速固化墨水材料只需具有低模量和低固含量。常见的墨水材料有固体颗粒胶体墨水、熔融聚合物墨水、溶胶-凝胶墨水、蜡基墨水、聚电解质墨水等。

DIW 具有对设备要求低、制造成本低、原材料适用范围广、成形精度高、制造灵活等优点；其缺点是直接书写后一般需要进行固化、烧结等后处理。DIW 最终成形件的精度不仅取决于墨水材料的配方、部件的理化特性、体系的黏度和流变性能，还受到直接书写参数（如喷嘴直径、压力、平台移动速度等）的影响。

目前，DIW 以其在材料适用性、技术可扩展性、操作安全性等方面的先天优势，成为增材制造领域的研究热点。

3. 直接墨水书写的应用

近年来，DIW 在打印具有高分辨率和高尺寸可控性的周期性结构方面体现出明显的优势，且无须昂贵设备，适用于胶体、聚合物、复合物等材料。DIW 广泛应用于生物医学、陶瓷、微电子、光伏、能源等领域。DIW 打印过程及打印的样品如图 3.14 所示。

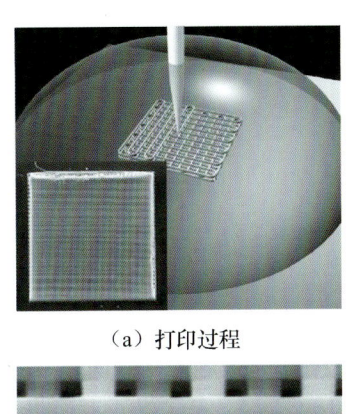
（a）打印过程

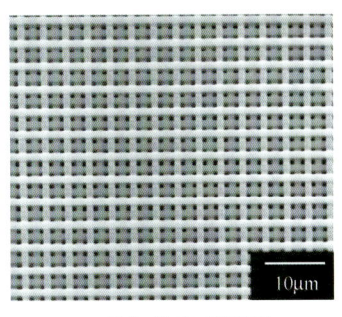
（b）样品二维照片

柔性应变传感器复合增材制造

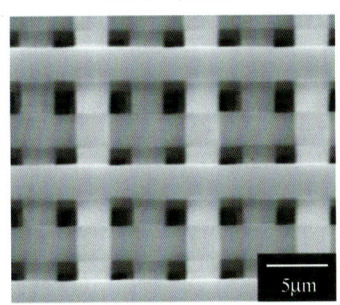
（c）样品二维放大照片（丝线直径为1μm）

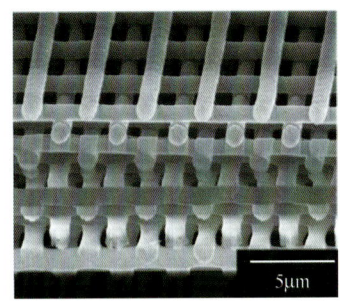
（d）样品三维结构

直接墨水书写成形碳基电容阵列

图 3.14　DIW 打印过程及打印的样品

3.1.3　金属浆料沉积

金属浆料沉积（metal paste deposition，MPD） 又称水基浆料挤出，其原理与 FDM 原理相似，通过挤出含有金属粉末的浆料并固化完成零件成形。它们都是基于材料挤出的增材制造工艺，不同的是 MPD 是在室温下用糊状的材料以线状方式挤出的。MPD 在 2016 年前后被开发，于 2020 年前后推出相关制造设备。

3.1.4　快速液体打印

虽然**快速液体打印（rapid liquid printing，RLP）** 也属于增材制造，但其与传统的增材制造有很大的不同。RLP 不采用逐层打印，也不需要支撑结构。RLP 是用喷嘴将液体打印材料沉积到罐装悬浮凝胶（提前调制好的工业凝胶）中，悬浮凝胶本身起支撑和固定作用。由于其采用喷嘴挤出方式，因此本书暂且将其归类到材料挤出类。

1. 快速液体打印的工作原理

RLP 是一种具有突破性的增材制造工艺，最早由麻省理工学院的自组装实验室与 Steelcase 公司联合开发。RLP 设备由三部分组成，即控制系统、沉积系统与悬浮凝胶。控制系统控制喷嘴的整体运动。沉积系统控制液体打印材料的流速、尺寸和形状。悬浮凝胶提供液体打印材料的成形环境。沉积系统在控制系统的控制下按照预定的路径在三维空间运动并挤出液体打印材料，液体打印材料由喷嘴挤出后在悬浮凝胶中固化成形。整个物体在打印固化后，只需进行少量的后处理即可使用。通过设计喷嘴、调整喷嘴的运动参数与挤出压力，可以对成形件的多个尺度特征进行控制。RLP 可以在几分钟内用橡胶、泡沫和塑料等材料生产大型物体。与其他增材制造工艺相比，RLP 是第一个将工业材料与极快的打印速度在精确的控制过程中结合以生产大型产品的工艺。RLP 的工作原理及沉积系统结构如图 3.15 所示。

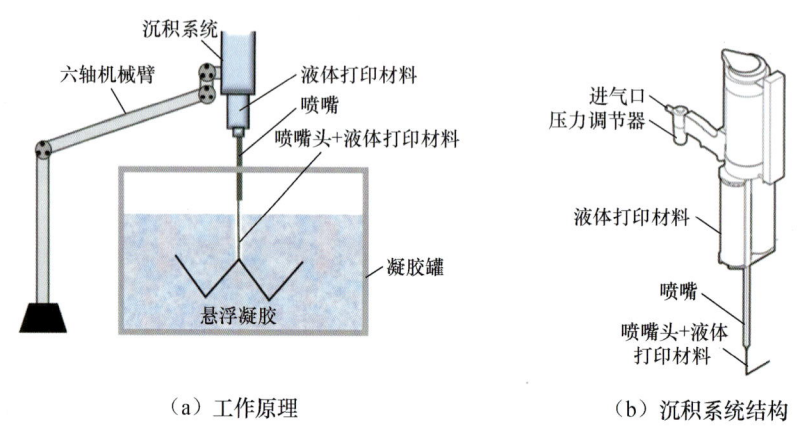

图 3.15　RLP 的工作原理及沉积系统结构

RLP 作为一种快速增材制造工艺，液体打印材料由喷嘴挤到悬浮凝胶中并快速固化。不同于其他增材制造工艺逐层累加的路径规划原则，RLP 的路径规划原则为三维空间中的连续路径，无须逐层成形。与现有的空间打印工艺相比，RLP 用悬浮凝胶支撑未固化的液体打印材料，允许更快的打印速度、更大的打印规模及成形更自由的结构。

2. 快速液体打印的特点

RLP 技术作为前沿的增材制造技术，与传统增材制造技术相比具有鲜明的特点，具体如下。

（1）成形质量好。RLP 在悬浮凝胶中进行，因其在打印过程中无须添加支撑结构，故允许更加复杂的设计。同时，悬浮凝胶能够减小重力对打印的影响，使得成形结构更加精确、平滑。

（2）打印速度快。RLP 相对于传统增材制造的最大优势是打印速度快，液体打印材料的连续挤出及其在悬浮凝胶促进下的快速固化，使 RLP 可以在短时间内打印物体。

（3）打印范围广。RLP 可以打印小尺寸、结构复杂的物品，也可以打印体积较大的物品（如家具等）。相对于传统增材制造受限于设备尺寸和打印质量无法成形大尺寸物品，这是 RLP 的显著优势。

（4）可打印材料多。RLP 能够打印橡胶、塑料和泡沫等材料，应用广泛。这使得 RLP 在特殊属性材料打印方面有巨大的发展空间。

3. 快速液体打印的应用

图 3.16 所示为 RLP 设备及打印现场。

RLP 通过"无重力打印"方式消除了传统增材制造的限制，可以快速生产大型、高分辨率、可拉伸的产品，广泛应用于医疗、服装、家居用品、航空航天、汽车等领域。未来

 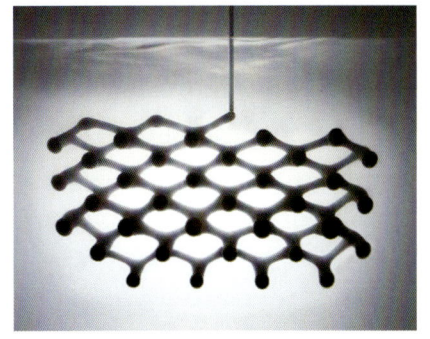 

快速液体打印

（a）RLP设备　　　　　　　　　（b）打印现场

图 3.16　RLP 设备及打印现场

RLP 的研究方向有很多，包括家具和其他大型物品制造、交互设计和制造、服装和运动用品制造等。图 3.17 所示为利用 RLP 生产的包及家具饰品。

（a）包　　　　　　　　　　　（b）家具饰品

图 3.17　利用 RLP 生产的包及家具饰品

3.2　立体光固化

立体光固化是指通过光致聚合作用选择性地固化液态光敏聚合物的增材制造工艺。该工艺使用液态光敏聚合物作为原材料，使其在光源照射下发生化学反应后固化。立体光固化包括多种具体的光固化技术，其主要区别是光源不同。

3.2.1　立体光固化成形

立体光固化成形（stereo lithography apparatus，SLA）是一种采用激光束逐点扫描液态光敏聚合物使之固化的增材制造工艺。

1. 立体光固化成形的工作原理

SLA 的工作原理如图 3.18 所示。光敏聚合物槽中储存光敏聚合物，由液面控制系统使液体上表面保持在固定的高度，紫外激光束在扫描振镜系统的控制下按预定路径在光敏聚合物表面扫描。扫描速度、轨迹及激光的功率、通断等均由计算机控制。激光扫描之处的光敏聚合物由液态转变为固态，从而形成具有一定形状和强度的层片，未被扫描地方的光敏聚合物仍呈液态。扫描固化完一层后，升降台带动加工平台下降一个层厚的距离，通过涂覆刮板使需固化表面重新铺满光敏聚合物，然后进行激光束扫描固化，新固化的一层黏结在前一层上。如此重复，直至固化完所有层片，这样层层叠加起来即可获得所需形状的三维实体。SLA 的成形过程如图 3.19 所示。

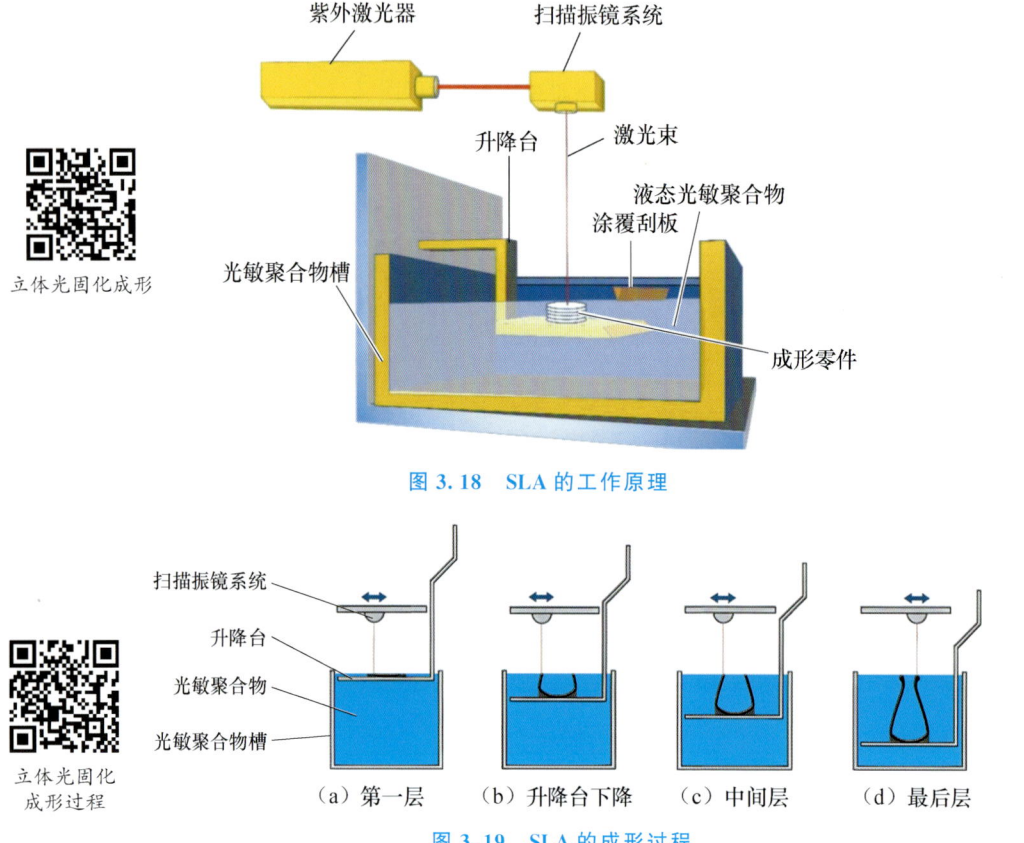

图 3.18 SLA 的工作原理

图 3.19 SLA 的成形过程

将成形件从工作台取下后，为提高成形件的固化程度、增大强度和硬度，可以将其置于阳光下或在专门的容器中照射紫外光。最后，对成形件进行打磨或上漆，以提高其表面质量。

2. 立体光固化成形的特点

（1）成形精度高。目前，SLA 中光斑直径最小可以做到 $\phi 25\mu m$，因此与其他增材制造工艺相比，SLA 成形细节的能力更好。

（2）成形速度较快。商品化 SLA 设备均采用扫描振镜系统控制激光束在焦平面上扫描，目前最大扫描速度大于 10m/s。

（3）扫描质量好。现代高精度的焦距补偿系统可以保证所有点的光斑直径均在要求的范围内，较好地保证了扫描质量。

(4) 成形件表面质量好。SLA 成形件的"台阶效应"非常小，成形件的表面质量非常高。

(5) 成形过程中需要添加支撑结构。由于光敏聚合物在固化前为液态，因此在成形过程中，需要为零件的悬臂部分和最初的底面添加必要的支撑结构。

(6) 成形成本高。一方面，SLA 设备中的紫外激光器和扫描振镜系统等的价格比较高，导致设备成本较高；另一方面，成形材料——光敏聚合物的价格高。故与其他成形工艺相比，SLA 的成形成本高得多。

SLA 的优点是成形精度高，一般尺寸精度可控制在 0.01mm，表面质量好，原材料利用率接近 100%；能制造形状特别复杂、精细的零件；设备的市场占有率很高。其缺点是需要设计支撑结构，可以选择的成形材料有限且成形材料的价格高，成形件容易发生翘曲变形，SLA 适用于制造比较复杂的中小型零件。

3. 立体光固化成形的应用

在应用较多的增材制造工艺中，SLA 在概念设计的交流、单件小批量精密铸造、产品模型、快速工模具及直接面向产品的模具等方面广泛应用于航空航天、汽车、电器、医疗等领域。图 3.20 所示为 SLA 制造现场及成形件。

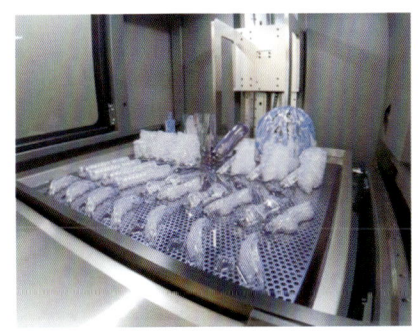 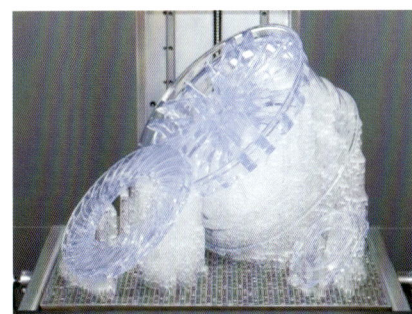

（a）制造现场　　　　　　　　（b）成形件

图 3.20　SLA 制造现场及成形件

立体光固化成形在鞋模制造方面的应用

立体光固化成形的应用

3.2.2　数字光处理

数字光处理（digital light processing，DLP） 与 SLA 有相似之处，其原材料也是液态光敏聚合物，工作原理也是基于液态光敏聚合物在光照下固化的特性。

1. 数字光处理的工作原理

DLP 与 SLA 的不同之处主要在于 DLP 以**数字微镜器件（digital micromirror device，DMD）**为关键处理元件来完成数字光学处理过程。DMD 位于紫外光光源（LED 光源）的光路与光敏聚合物之间，是一种动态掩膜，由一系列旋转的微米尺寸镜面组成，通过控制微镜面不同角度的偏转完成对光的调制，实现各层内不同位置的光照差异，进而固化出各层的不同形状。DLP 使用的数字光源以面光的形式固化液态光敏聚合物，逐层对液态光敏聚合物进行固化，如此循环往复，直到得到最终三维实体。DLP 的工作原理如图 3.21 所示。DLP 具有与 SLA 类似的优点，如成形精度高、成形质量好，成形件表面光滑、纹路清晰、极具质感。由于 DLP 采用面曝光方式,每次直接成形一个面,因此 DLP 的成形速度比 SLA 的成形速度快。DLP 工作现场及成形件如图 3.22 所示。

上曝光数字光处理原理

数字光处理

下曝光数字光处理原理

陶瓷打印

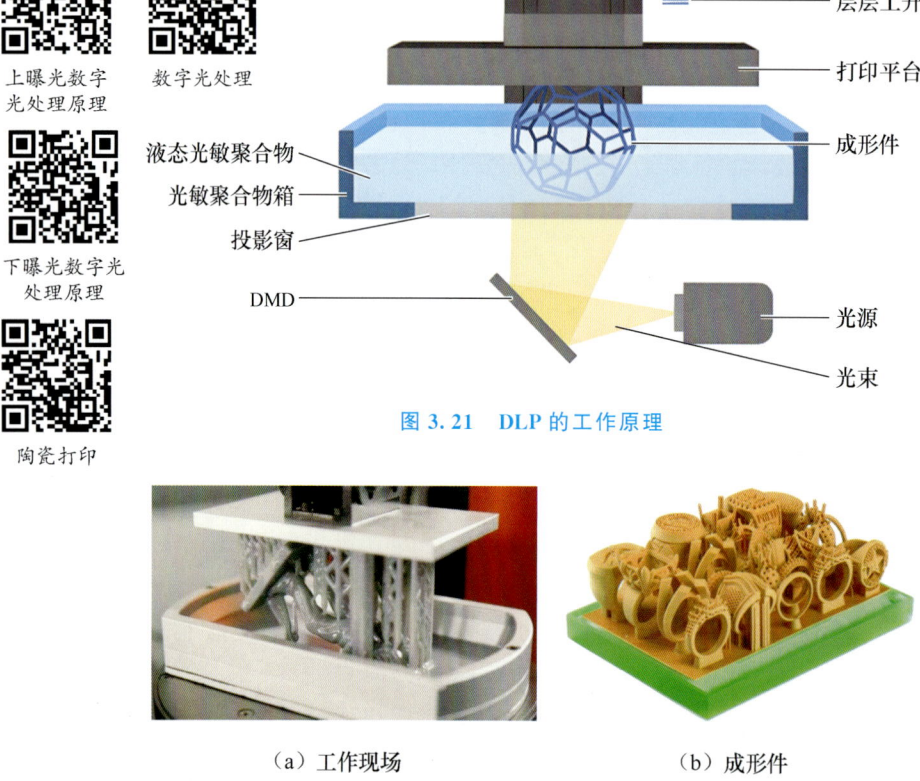

图 3.21 DLP 的工作原理

(a) 工作现场　　　　(b) 成形件

图 3.22 DLP 工作现场及成形件

多投影数字光处理成形牙科模型

2. 数字光处理的特点

(1) 高亮度。DLP 可以投射出非常亮且鲜明的图像,适用于不同环境。

(2) 高对比度。DLP 可以实现高对比度图像,黑色与白色的差异非常明显。

(3) 高分辨率。由于 DLP 采用微小的镜片阵列进行图像投射,因此可以实现非常高的分辨率,适用于大屏幕投影。

(4) 显示效果稳定。DLP 的显示效果不会受到环境光线的影响,也不会出现图像残影等现象。

(5) 长使用寿命。DLP 使用的 LED 光源使用寿命长,可以达到数万小时。

3.2.3　数字光合成

数字光合成(digital light synthesis,DLS)原称连续液态界面制造(continuous liquid interface production,CLIP),其不是基于片层材料,而是用连续法快速实现光固化的增材制造工艺。

1. 数字光合成的工作原理

所有增材制造技术，无论是对于金属还是非金属工艺都存在两个缺点：一是制造一个部件需耗费大量时间；二是制造部件所采用的多层材料将导致其力学性能产生各向异性。而 DLS 采用紫外光照射液态光敏聚合物，使液体光敏聚合物聚合为固体，从而成形。液态光敏聚合物储存在一个特质的储罐内，储罐底部的窗口由可以透过氧气和光的聚四氟乙烯材料制成，DLS 利用氧阻聚效应，氧气通过窗口与液态光敏聚合物底部接触，形成一层极薄的不能被紫外光固化的区域，称为死区（dead zone），但紫外光仍然可以透射通过死区，在上方继续发生聚合作用，避免固化的光敏聚合物与底部窗口粘连，紫外光可以连续照射液态光敏聚合物，而工作平台连续上升，提高了成形速度。**DLS 与传统光固化技术的区别在于 DLS 避免了停顿和重启的过程，成形是连续的。**因此 DLS 的成形速度比传统的光固化的成形速度快很多，而且利用 **DLS 生产的零部件力学性能在各个方向保持一致，性能提高**。DLS 的工作原理如图 3.23 所示。

DLS 打破了以往增材制造精度与速度不可兼得的困境。连续照射过程令成形速度不再受切片层数量的影响，而仅取决于紫外光照射时的聚合速度及聚合的黏性。目前，DLS 原型机器可打印尺度 50μm～25cm 的物体。DLS 工作现场如图 3.24 所示。

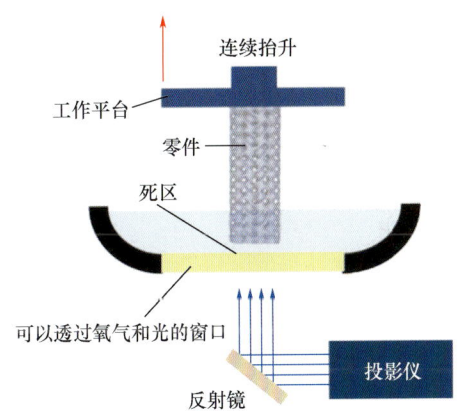

图 3.23 DLS 的工作原理

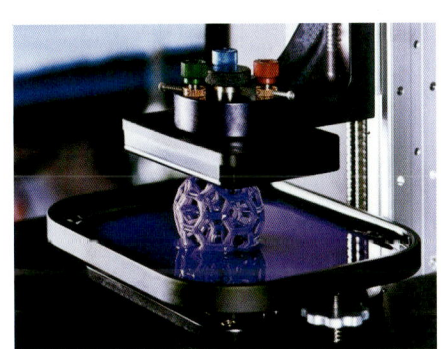

图 3.24 DLS 工作现场

数字光合成

数字光合成
应用案例

2. 数字光合成的特点

（1）高速制造。DLS 可以实现高速连续制造，比传统光固化技术的速度快。

（2）成形精度高。由于采用液面固化的方式，因此 DLS 可以实现更高精度的制造，成形件表面更平滑。

（3）设计自由度高。DLS 可以实现复杂结构和内部空腔的制造，设计自由度高。

（4）多材料可选。DLS 可以使用不同的光敏聚合物，实现多材料的制造。

（5）生产效率高。DLS 适用于批量生产，生产效率高，适合工业应用。

3. 数字光合成的典型应用

DLS 在航空航天、汽车制造、运动自行车、医疗等领域有广泛应用。在航空航天领域，利用 DLS 可以制造轻量化且具有复杂结构的零部件，提高了飞行器的性能。图 3.25 所示为利用 DLS 生产的聚合物材料叶轮，该叶轮机械性能出色、分辨率高且表面质量好。

在汽车制造领域，利用 DLS 可以制造形状复杂的零部件，提高了汽车的安全性和节能性。在运动自行车领域，利用 DLS 可以为骑行者提供根据个人生物动力学数据量身定制的座椅。图 3.26 所示为利用 DLS 生产的三层式自行车座椅，可最大限度地提高骑行者的舒适性。在医疗领域，利用 DLS 可以根据患者的具体情况定制适合的义齿和假体，提高了适配性和舒适度。

图 3.25　利用 DLS 生产的聚合物材料叶轮

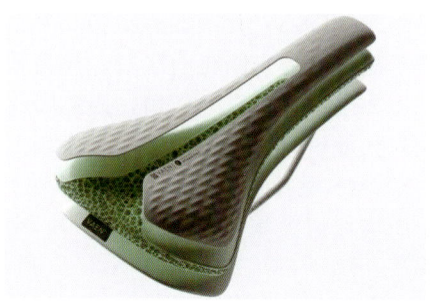

图 3.26　利用 DLS 生产的三层式自行车座椅

3.2.4　液晶显示技术

液晶显示（liquid crystal display，LCD）技术是以紫外光照射固化光敏聚合物为成形方式的光固化技术。LCD 技术比 DLP 技术出现晚，其原理和精度与 DLP 技术相似，但成本低。

1. 液晶显示技术的工作原理

LCD 技术的工作原理及成形流程如图 3.27 所示。LCD 技术利用液晶屏成像原理，在计算机及显示屏电路的驱动下，计算机程序提供图像信号，在液晶屏出现选择性的透明区域，然后紫外光透过透明区域照射光敏聚合物箱内的液态光敏聚合物进行曝光固化，故 LCD 技术的成形原理与 DLP 的一样，是面成形，成形速度较高。每一层固化结束，平台托板都将固化部分提起，使液态光敏聚合物补充回流，然后平台托板下降，模型与透明膜之间的薄层再次被曝光，由此逐层固化，最后上升成形三维实体。

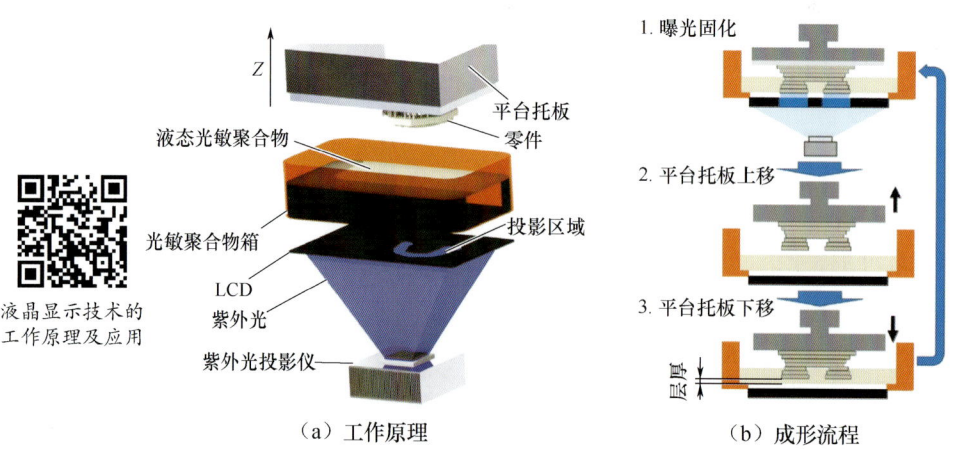

（a）工作原理　　　　　　　（b）成形流程

图 3.27　LCD 技术的工作原理及成形流程

2. 液晶显示技术的特点

（1）成形精度高。LCD 技术可以实现微米级甚至纳米级精度制造，使制造出的零件具有较高的几何精度。

（2）快速制造。与传统的光固化技术相比，LCD 技术可以在短时间内制造出复杂的零件，从而实现快速原型制造或定制化生产。

（3）结构简单，便于组装和维修，具有较高的性价比。LCD 设备价格比 DLP 设备低了许多，且维护简单，总成本低。

（4）多材料应用。LCD 技术可以使用不同的光敏聚合物，使制造出的零件具有多样化的性能。

（5）无须支撑结构。在光固化过程中，因固化层的下方是液态材料，故不需要支撑结构，可以制造出复杂的几何形状，并且可以同时成形多个零件。

（6）大幅面。LCD 技术的成形幅面取决于液晶屏，随着大幅面液晶屏的出现，经济、高效的大幅面 LCD 技术具有更强的价格竞争力，并且可以实现大型组件原型设计和定制批量生产。图 3.28 所示为大幅面 LCD 设备及成形件。

（a）大幅面LCD设备

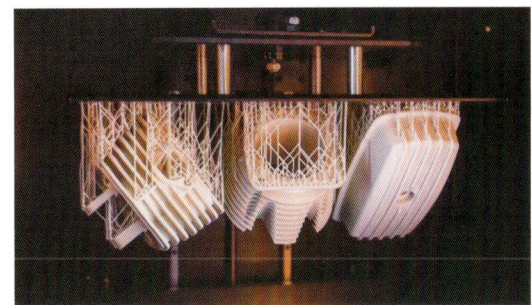
（b）成形件

液晶显示技术的成形过程

图 3.28　大幅面 LCD 设备及成形件

3. 液晶显示技术的应用

LCD 技术成形的典型产品如图 3.29 所示。LCD 技术的典型应用场景如下。

图 3.29　LCD 技术成形的典型产品

（1）原型设计和制造。LCD 技术可以用于快速制造产品原型，帮助设计师和工程师在产品开发阶段进行验证及测试。采用 LCD 技术能够成形高精度和表面光滑的模型，非常适合精细设计的细节展示。

(2) 珠宝设计。在珠宝行业，LCD 技术可以用于制作精细的珠宝模型和原型。由于 LCD 技术能够提供高分辨率的成形效果，因此其可以精确复制珠宝设计中的复杂细节和纹理。

(3) 牙科应用。LCD 技术在牙科被用于打印牙齿模型和义齿。LCD 技术能够提供所需的精度和细节，从而制造出符合患者口腔结构的定制产品。

(4) 教育和研究领域应用。LCD 技术被应用于教育和研究领域，如成形教学模型、科研样品等。LCD 技术可以帮助学生和研究人员更好地理解复杂的科学概念及设计原理。

(5) 微型零件制造。由于 LCD 技术能够成形高精度的小型零件，因此其在微型机械、电子设备和精密仪器的制造中具有潜在的应用价值。

(6) 艺术和创意产业应用。艺术家和设计师利用 LCD 技术创作独特的艺术品及装饰品。因 LCD 技术能够实现复杂的设计和精细的装饰，故其为创意产业提供了新的可能性。

3.2.5 体积增材制造

1. 体积增材制造的工作原理

美国加利福尼亚大学伯克利分校的研究人员在 2019 年公布了一种高效的连续增材制造技术，称为**体积增材制造（volumetric additive manufacturing，VAM）**。VAM 利用光敏聚合物的光聚合反应，只需几十秒即可成形一个完整的人像。VAM 的工作原理如图 3.30 所示。VAM 的成形过程类似于计算机体层扫描和三维重建，先从多个角度计算出物体的形状并生成二维图像，再将图像投射到一个装有液态光敏聚合物（丙烯酸酯）的圆柱形容器中。当投影仪投射出全方位覆盖的旋转图像时，圆柱形容器也以相应的角度旋转。当圆柱形容器旋转时，任何接收到光量的位置都可以单独控制，如果光的总量超过一定数值，液态光敏聚合物就会变成固态。具体而言，当吸收的光子达到一定的门槛时，液态光敏聚合物聚合，形成固体。剩下的液态光敏聚合物随后被移除，留下的就是固态三维物体。VAM 的成形速度比 DLS 的成形速度快。

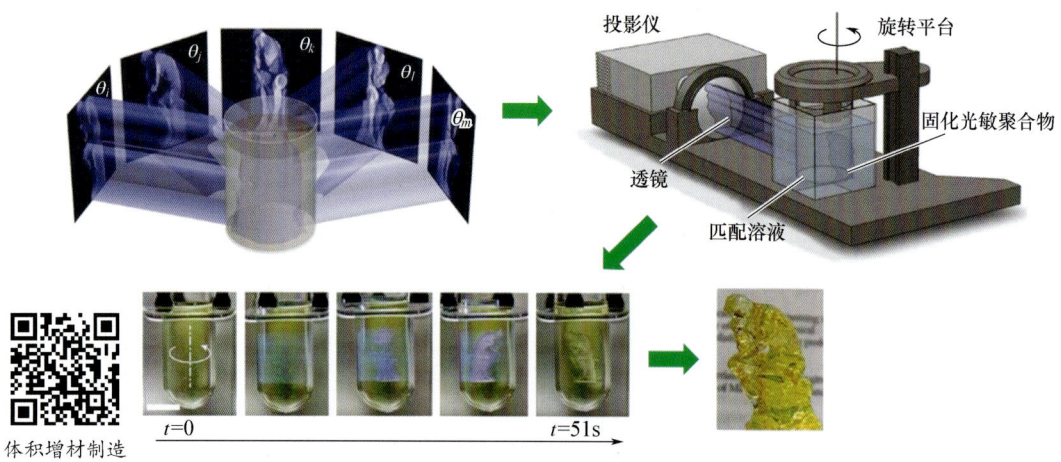

图 3.30　VAM 的工作原理

VAM 技术的关键是处理不同角度的二维投影图像，其处理过程如图 3.31 所示。首先进行三维模型的重建，然后进行二维的傅里叶变换。在实际成形过程中，需要对光敏聚合物的光引发剂的含量进行优化，此外，还涉及氧气抑制、光场干涉、三维空间与二维投影的转换匹配等问题。虽然同为连续增材制造工艺，VAM 没有 DLS 那样高的成形精度，但 VAM 旋转 360°即可实现零件的连续制造，具有比 DLS 高的成形率。利用 VAM 既可以制备较复杂的无支撑镂空结构、牙科模型等，又可以成形弹性物体，其制备的样件如图 3.32 所示。

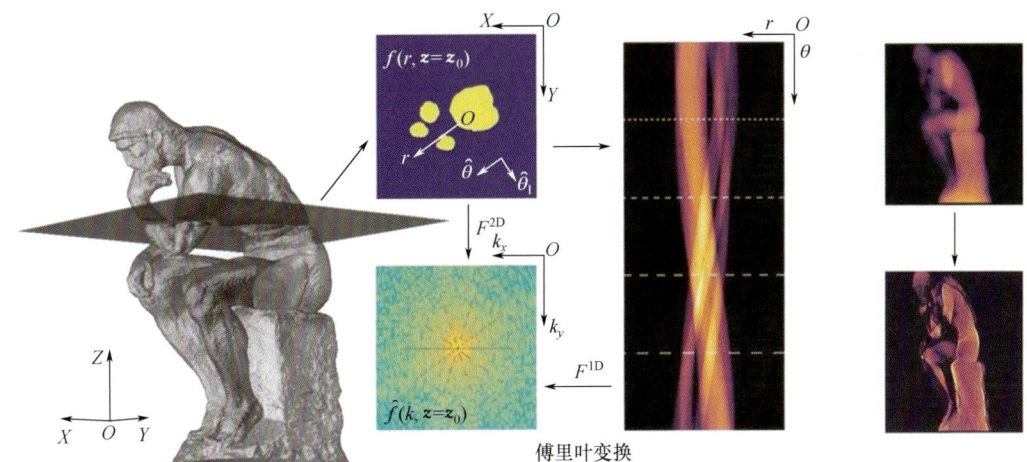

图 3.31 VAM 技术投影图像的处理过程

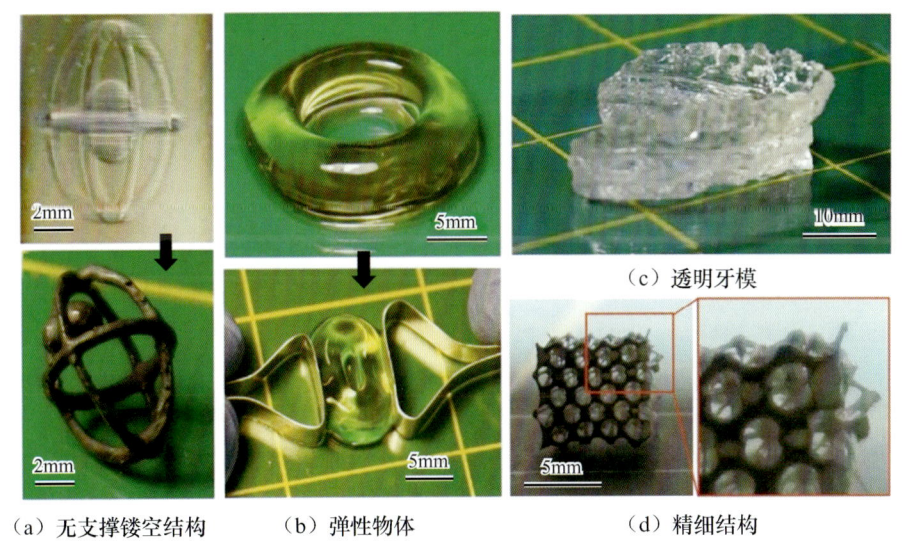

（a）无支撑镂空结构　　（b）弹性物体　　（c）透明牙模　　（d）精细结构

图 3.32 利用 VAM 制备的样件

2. 体积增材制造的特点

（1）高速成形。利用 VAM 可以在短时间内成形完整的三维物体，如在几十秒内成形一个人像，其成形速度远远超过传统的逐层增材制造技术。

（2）无须支撑结构。由于 VAM 是从整个物体的内部进行成形的，因此不需要额外的支撑结构，减少了成形后的清理工作，并提高了成形效率。

（3）高分辨率和细节表现。由于 VAM 能够以高分辨率成形复杂形状，保持物体的细节和精度,因此它适用于需要精细结构的应用场景。

(4) 材料灵活。VAM 可以使用不同的光敏聚合物,这些光敏聚合物在特定波长的光照射下会发生聚合反应,为使用不同性质的材料提供了可能性。

(5) 制造过程连续。与传统的逐层增材制造不同,VAM 的制造过程是连续的,其利用计算机体层扫描原理,从多个角度同时固化材料,从而构建出三维物体。

(6) 简化后处理。由于 VAM 成形的物体表面光滑,因此减少了后续的打磨和修整工作,提高了生产效率,降低了成本。

3. 体积增材制造的应用

(1) 快速原型制作。VAM 可以快速成形产品的原型,极大地缩短了从设计到成形原型的周期,对产品设计、测试和迭代过程有重要意义,特别适合应用在需要快速反馈和修改设计阶段的初创企业或设计工作室。

(2) 复杂艺术品创作。由于 VAM 能够在几十秒内成形精细的细节,因此其非常适用于创作艺术品。艺术家可以利用 VAM 创作出传统工艺难以实现的复杂艺术品,如雕塑和复杂的艺术装置。

(3) 医疗模型和植入物制作。在医疗领域,利用 VAM 可以成形精细的人体器官模型,帮助医生规划和模拟手术。此外,利用 VAM 还可以定制医疗植入物(如牙齿和骨骼替代物),这些植入物可以根据患者的具体情况精确定制。

(4) 航空航天零件制造。在航空航天领域,利用 VAM 可以成形复杂的零件和组件。这些零件和组件通常要求高精度和轻量化,VAM 能满足这些要求,还能减少材料浪费。

(5) 教育和研究领域应用。VAM 可以用于教育和科研领域,帮助学生和研究人员更好地理解复杂的三维结构及材料特性。此外,VAM 还可以用于制造教育模型和实验设备,以提高教学和研究的效率。

3.2.6 双光子聚合光固化成形

SLA、DLP 等立体光固化技术都采用分层制造的方式,在固液结合面上成形并逐层堆积。受到光敏聚合物材料的黏度、表面张力、最小层厚(会产生台阶效应)等因素的影响,以及目前光固化基于单光子吸收聚合固化,立体光固化能达到的分辨率只能在微米级范围,如要进一步提高立体光固化的分辨率,实现亚微米级甚至纳米级结构制造就会面临巨大挑战。而**双光子聚合(two-photon polymerization,TPP)**光固化成形是实现亚微米级甚至纳米级增材制造的一种有效方式。

双光子聚合光固化成形也称双光子激光直写。传统立体光固化常使用波长为 250~400nm 的激光作为光源,光子能量较高,光扫描的区域可快速发生聚合反应,而双光子聚合光固化成形利用波长为 600~1000nm 的近红外激光作为光源,光子能量较低,被吸收的概率及瑞利散射均较小,容易穿透介质。

传统的光固化基于单光子吸收聚合固化,双光子聚合光固化成形**基于双光子聚合原理**(或者多光子吸收)。双光子聚合是物质在发生双光子吸收后引发的一种光聚合过程。双光子吸收是指物质的一个分子同时吸收两个光子。双光子吸收主要发生在脉冲激光产生的超强激光焦点处,光路上其他地方的激光强度不足以产生双光子吸收,并且由于光波长较大、光子能量较低,因此不会发生单光子吸收。单光子激发聚合固化和双光子激发聚合固化的区别如图 3.33 所示。在激光辐照下，单光子吸收材料沿着光路在较大区域发生固化，因此成形件的分辨率较低。而双光子吸收材料的固化仅发生于焦点处，因此可以精确控制激光焦点，且按照设计的路径在树脂中扫描并在焦点处固化，从而在空间中堆积形成分辨率很高的三维结构。

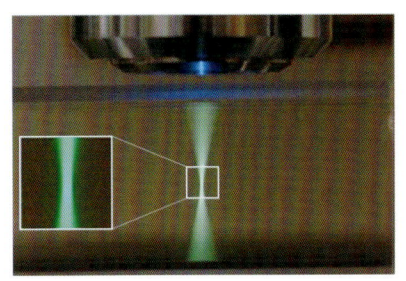
（a）单光子吸收区域

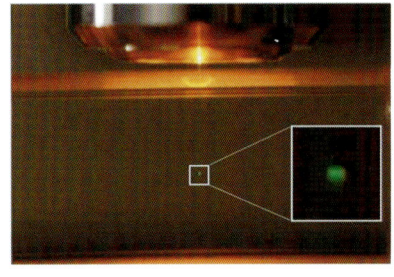
（b）双光子吸收区域

双光子聚合光固化成形

图 3.33　单光子激发聚合固化和双光子激发聚合固化的区别

双光子吸收具有良好的空间选择性。双光子聚合光固化成形就是利用了双光子吸收过程对材料穿透性好、空间选择性高的特点，其工作原理如图 3.34 所示。

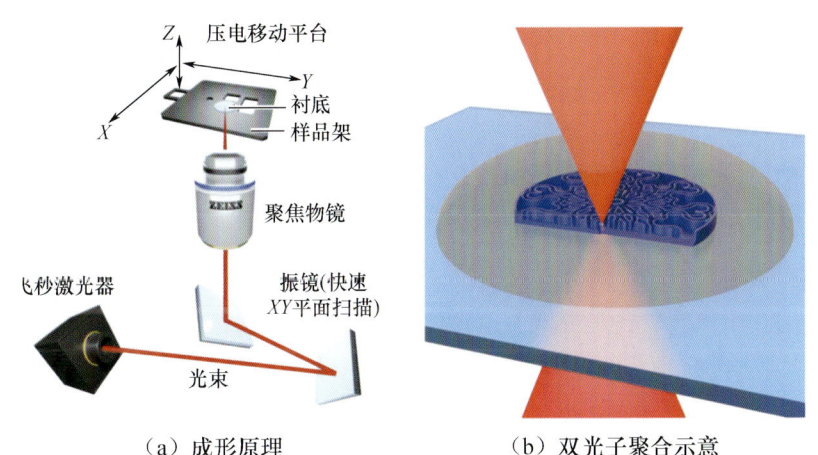

（a）成形原理　　　　　　（b）双光子聚合示意

图 3.34　双光子聚合光固化成形的工作原理

双光子聚合光固化成形的高分辨率和高精度源于两个方面：一方面，双光子吸收过程具有非线性特性，只有在激光束的焦点附近才发生聚合反应，因此可以实现纳米级的精确控制；另一方面，双光子聚合技术使用的飞秒激光器具有极小的脉冲宽度，可以减少热效应和光散射，提高了成形的精度和质量。

图 3.35 所示为利用双光子聚合光固化成形制造亚微米精度纳米牛。具体为利用超短脉冲激光（波长为 780nm 的近红外飞秒脉冲激光）诱导光刻胶（光聚合树脂）发生双光子聚合反应，制造出长度为 10μm 和高度为 7μm 纳米牛，其分辨率达到 120nm，突破了传统光学理论的衍射极限，实现了利用双光子聚合光固化成形制造亚微米级的三维结构。

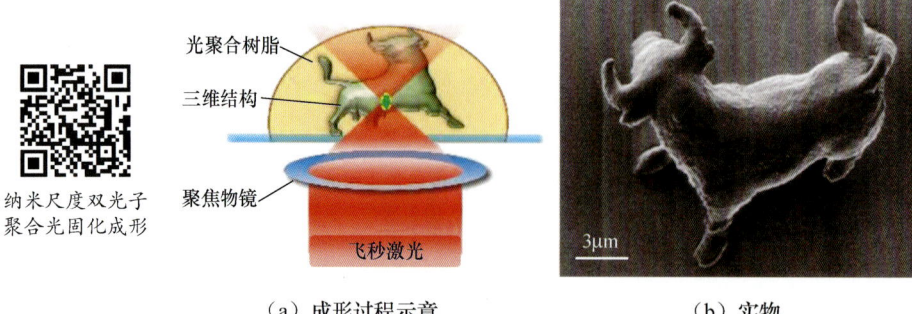

纳米尺度双光子聚合光固化成形

（a）成形过程示意　　　　（b）实物

图 3.35　利用双光子聚合光固化成形制造亚微米精度纳米牛

3.3　薄材叠层

薄材叠层是指将薄层材料逐层结合以形成实物的增材制造工艺。该工艺使用片材作为原材料，通过加热、化学反应或超声连接等使各层片材结合成三维工件，最后通过去除废料、烧结、渗透、打磨、机械加工等方式提高工件的表面质量。

3.3.1　叠层实体制造

叠层实体制造（laminated object manufacturing，LOM）自 1990 年商品化应用以来得到了迅猛发展，成为非常成熟的增材制造工艺。LOM 的核心在于利用纸基材料等低成本材料，通过高精度制造过程，制造出既美观又较复杂的三维实体结构。

1. 叠层实体制造的工作原理

LOM 的工作原理如 3.36 所示。LOM 系统由二氧化碳激光器及扫描机构、热压辊、升降工作台、送纸辊、收纸辊和计算机等组成。

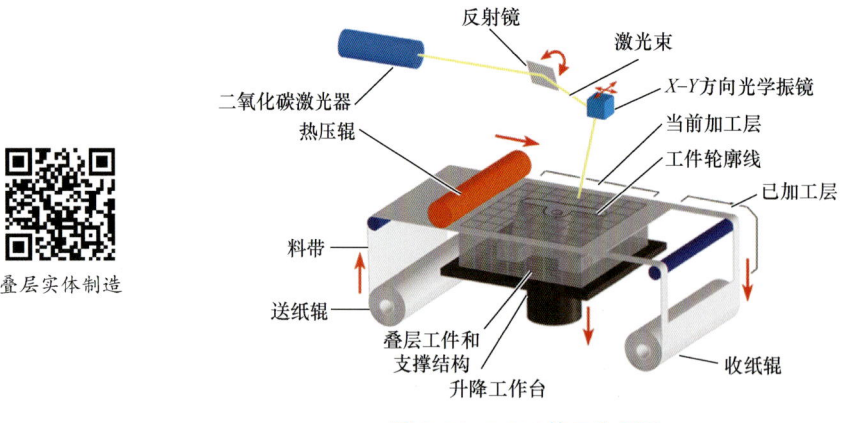

叠层实体制造

图 3.36　LOM 的工作原理

LOM 基于激光切割薄片材料，用黏结剂黏结各层成形，具体过程如下。

（1）料带移动，将新的料带移动到工件上方。

(2) 升降工作台上升,同时热压辊移动到工件上方;当工件顶起新的料带,并触动安装在热压辊前端的行程开关时,升降工作台停止移动;热压辊来回碾压新的堆积材料,将最上面的一层新材料与下面的工件黏结起来,添加一层新层。

(3) 根据升降工作台停止的位置测量工件的高度,并反馈给计算机。

(4) 计算机根据当前工件的加工高度,计算出三维形体的交截面。

(5) 将交截面的轮廓信息输入控制系统,控制二氧化碳激光沿截面轮廓切割。将激光的功率设置为只能切透一层材料的功率值。用激光将轮廓区域外的材料切割成方形网格,以便在工艺完成后分离。

(6) 升降工作台向下移动,将刚切割的新层与料带分离。

(7) 料带移动一段距离(比切割下的工件截面稍长),并绕在收纸辊上。

(8) 重复上述过程,直到所有截面都被切割并黏结上,得到一个包含工件的立方体。由于工件周围的材料已经用激光进行网格式切割(被分割成一些小的方块条),因此其能较容易地与工件分离,最后得到工件。

2. 叠层实体制造的特点

(1) 成形效率高,适于制造大型零件。与其他增材制造工艺不同,LOM 以截面作为基本成形单位,具有很高的成形效率,适于制造内部结构简单的大型零件。

(2) 原材料成本低。LOM 采用纸张、塑料薄膜等片材作为原材料,成本较低。

(3) 不需要设计支撑结构。LOM 不需要设计和构建支撑结构,只需切割轮廓,无须填充扫描,制件的内应力和翘曲变形量小。

(4) 材料利用率低。各截面内无用的部分成为废料,内部废料不易去除,后处理难度大。

(5) 制件的抗拉强度和弹性都比较差。

(6) 纸基材料易吸湿膨胀,成形后须尽快进行表面防潮处理,如用树脂对制件表面进行表面喷涂处理等。

(7) 制件表面有台阶纹,其高度为材料的厚度(通常为 0.1mm)。

3. 叠层实体制造的应用

LOM 适合制作大中型、形状简单的实体零件,特别适合直接制作砂型铸造模。LOM 设备及制作的机壳产品如图 3.37 所示。

 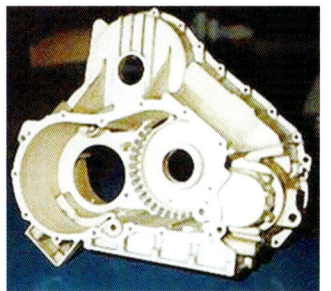

(a) LOM设备　　　　　　　　(b) 机壳产品

图 3.37　LOM 设备及制作的机壳产品

3.3.2 超声波增材制造

超声波增材制造(ultrasonic additive manufacturing,UAM)是一种相对冷门的增材制造工艺。UAM 的本质是超声波焊接,即利用超声波振动产生的能量使两个需要焊接的薄材表面摩擦并生成热,促使界面间金属原子相互扩散并形成固态冶金结合,实现金属薄材的固态连接。UAM 主要用于为机器设备上的传感器打造金属保护壳。

3.4 材料喷射

材料喷射是指**将材料以微滴或微粒的形式选择性喷射沉积**的增材制造工艺。该工艺常用的原材料有液态光敏聚合材料、熔融状态的蜡、生物分子、活性细胞、熔融金属等,各层之间通过热黏结或化学反应黏结形成三维形状。

3.4.1 聚合物喷射

聚合物喷射(photopolymer jetting,PolyJet)技术是以色列 Objet 公司(现已并入 Stratasys 公司)于 2000 年初推出的专利技术。

1. 聚合物喷射的工作原理

PolyJet 的工作原理如图 3.38 所示。液态光敏聚合材料被输送到打印头并从打印头的喷嘴中喷出,每个喷嘴喷出不同颜色的光敏聚合材料;光敏聚合材料被喷射到工作台上后,紫外光灯沿着喷嘴工作的方向发射紫外光,对光敏聚合材料进行固化;完成一层喷射打印和固化后,工作台下降一个成形层厚的距离;打印头喷嘴继续喷射光敏聚合材料进行下一层的打印和固化。PolyJet 的打印材料有两种:模型材料(光敏聚合材料)和支撑材料(可溶性光敏聚合物材料),模型材料用于构建模型,支撑材料作为基础层和支撑结构。打印一层接一层,直到整个工件打印完成。

聚合物喷射的
工作原理

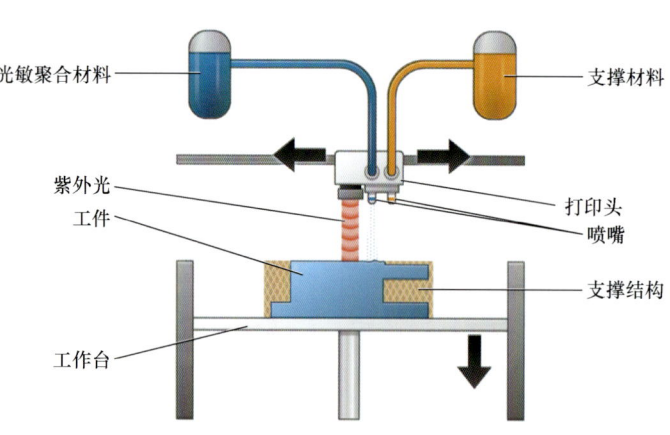

图 3.38 PolyJet 的工作原理

2. 聚合物喷射的特点

(1) 成形精度高。PolyJet 能达到 $14\mu m$ 的层分辨率和 $0.1mm$ 的精度,确保获得光滑、精准的部件和模型。

(2) 清洁。PolyJet 适用于办公室环境,光敏聚合物材料采用非接触式载入、卸载,支撑材料易清除。

(3) 成形速度快。PolyJet 可实现快速成形,并且无须二次固化。

(4) 用途广。由于 PolyJet 的打印材料多样,因此其适用于成形不同几何形状、机械性能及颜色的部件;因所有模型均使用相同的支持材料,故可快速、便捷地更换材料。

PolyJet 设备及喷射示意如图 3.39 所示。

聚合物喷射的成形过程

(a) PolyJet设备　　(b) 喷射示意

图 3.39　PolyJet 设备及喷射示意

3. 聚合物喷射的应用

因 PolyJet 具有快速加工和原型制造的诸多优势,甚至能快速、高精度地成形具有精致细节、表面平滑的最终零件,故其应用广泛,在航空航天、汽车、建筑、军工、医疗等领域具有很好的应用前景。

PolyJet 使用的光敏聚合材料多达数百种,从橡胶到刚性材料,从透明材料到不透明材料,从无色材料到彩色材料,从标准等级材料到生物相容性材料,以及用于医疗领域的增材制造专用光敏树脂。可同时喷射不同材料,实现多种材料、多种颜色的混合打印,以及工件不同材质、不同颜色、不同透明度、不同刚度等需要。图 3.40 所示为利用 PolyJet 生产的产品。

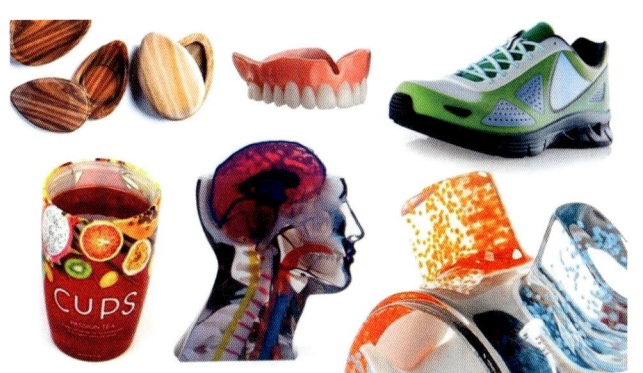

聚合物喷射的应用及特点

图 3.40　利用 PolyJet 生产的产品

3.4.2 纳米颗粒喷射

以色列 XJet 公司在 2016 年开发了一项新的材料喷射技术——纳米颗粒喷射（nano particle jetting，NPJ）技术。

NJP 采用由纳米级颗粒制成的纳米颗粒悬浮液，并将其作为液态墨水，颗粒以悬浮态分布在液态墨水中。NPJ 设备有上万个喷嘴，这些喷嘴同时喷射液态墨水，每秒沉积的液滴数量可达数亿个。喷射完成后，通过高温烧结将液体蒸发掉，形成致密的零件。目前，NPJ 既能够使用纳米级金属颗粒悬浮液构成的液态金属墨水实现金属增材制造，又能够使用纳米级陶瓷颗粒悬浮液构成的液态陶瓷墨水进行陶瓷材料的增材制造。由于纳米级金属颗粒非常细小，因此成形的零件表面质量和精度都很高，但纳米材料成本太高，制约了NPJ 技术的发展。

3.4.3 金属微滴喷射

金属微滴喷射技术是在 20 世纪 90 年代初被提出并发展起来的一种增材制造技术。

金属微滴喷射基于喷墨打印的原理，目前还没有统一的英文名称。金属微滴喷射基于"离散—叠加"的成形原理，通过液滴喷射器产生均匀金属微滴，同时控制基板在三个方向上的运动，使金属微滴精确沉积在特定位置并相互融合、凝固，逐点逐层堆积，实现复杂三维结构的快速成形。

3.5 黏结剂喷射

黏结剂喷射（广义）是指选择性地喷射沉积液态黏结或熔合物质，结合粉末材料的增材制造工艺。该工艺的原材料是粉末状材料（如金属、塑料、陶瓷、木材、糖等），通过喷射液态黏结或熔合物质，将粉末材料层层黏结或熔合成三维实体。近年来，黏结剂喷射无论是在金属增材制造领域还是在非金属增材制造领域都获得了日益广泛的应用。

3.5.1 黏结剂喷射（狭义）

黏结剂喷射（binder jetting）最早由美国麻省理工学院于 1993 年研发。起初这项技术被称为"three‐dimensional printing"，即 3DP 技术，随着增材制造技术的飞速发展，目前人们习惯将增材制造技术统称为 3DP 技术，因此黏结剂喷射通常选择 ASTM 制定的名字 binder jetting。

1. 黏结剂喷射的工作原理

目前黏结剂喷射技术与最早的黏结剂喷射技术最明显的差异在于黏结剂喷射方式由早期的"点喷射"改变为"线喷射"，成形效率得到大幅度提高。黏结剂喷射成形设备及黏结剂喷射现场如图 3.41 所示。与市场上的单喷头黏结剂喷射及与激光相关的增材制造技术相比，黏结剂喷射的生产速度是它们的数百倍。这使得黏结剂喷射成为一种高效率、高精度的增材制造工艺。黏结剂喷射利用喷头喷射黏结剂，选择性地黏结粉末成形，目前可打印的材料主要有砂子、有机玻璃、陶瓷粉末、金属粉末、金属与陶瓷的复合材料等。黏结剂喷射具有工业级效率、制造速度高、设备成本低、无须额外的支撑结构等特点,而且允许大尺寸打印、多材料打印,可用于批量生产,能够为工业界提供高效率、高质量、低成本的金属增材制造解决方案,并且可打印全彩色样件。黏结剂喷射的工作原理如图3.42所示。首先,铺粉机构将粉末从料斗中喷出,通过铺粉辊从右向左在平台上精确地铺一薄层粉末材料;其次,喷墨打印头根据这一层截面形状在粉末上喷射黏结剂,喷到黏结剂的薄层粉末发生黏结;再次,加热器从左向右将当前层固化,而后升降轴带动平台下降;然后,重复上述过程,如此层层叠加,从下向上,直到把零件的所有层打印完毕,而后升降轴上升,推出零件;最后,清理未固化粉末,得到三维实物原型。

(a) 黏结剂喷射成形设备

(b) 黏接剂喷射现场

图 3.41　黏结剂喷射成形设备及黏结剂喷射现场

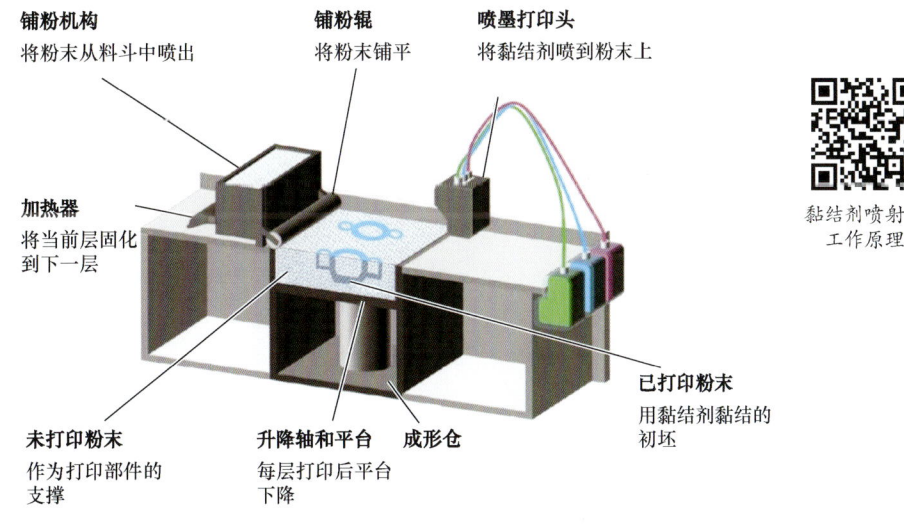

图 3.42　黏结剂喷射的工作原理

黏结剂喷射的独特之处在于打印过程中没有热量(固化加热当前层除外)。黏结剂充当将粉末黏结在一起的胶水。打印后,零件被包裹在未打印粉末中,将零件从成形仓中取出后,收集多余的粉末,可重复使用。打印完毕,根据不同的粉末材料,需要进行不同的后处理:当粉末是金属或陶瓷时,需要通过加热熔化黏结剂,只留下金属或陶瓷;当粉末是塑料时,通常需要进行表面抛光、涂漆和打磨;当粉末是沙子时,通常可以直接用作模具。

黏结剂喷射的生产速度及生产效率高,与其他增材制造工艺相比,其可以更经济、高效地生产大量零件。黏结剂喷射可用于多种金属；使用聚合物时，可以制作全彩原型和模型。

2. 黏结剂喷射的特点

（1）材料多样性。黏结剂喷射可以使用多种类型的粉末材料（如金属、塑料、陶瓷等），从而在材料选择上具有很高的灵活性。

（2）生产速度高。与其他增材制造工艺相比，黏结剂喷射能够快速打印整个层面，故其在生产速度上具有显著优势，尤其适合批量生产。

（3）无须支撑结构。由于黏结剂喷射是在粉末床上进行的，因此不需要额外的支撑结构，简化了后处理过程，减少了材料浪费。

（4）成本低、效益高。黏结剂喷射因其高速生产能力和较低的设备成本而在工业规模的生产中更具吸引力。

（5）需要后处理。通常需要对黏结剂喷射生成的零件进行后处理（如脱脂和烧结），以提高其机械性能和密度。这一步骤对最终产品的质量至关重要。

（6）环境友好。黏结剂喷射在生产过程中可以减少材料浪费，并且可以实现更精确的材料使用，在一定程度上能够减小对环境的影响。

（7）面临技术挑战。尽管黏结剂喷射具有许多优势，但它面临一些技术挑战，如喷头堵塞、粉末和黏结剂的匹配问题，以及确保打印精度和表面质量等。

（8）产业应用广泛。黏结剂喷射已经在多个领域得到应用，包括航空航天、汽车、医疗和消费品等，用于制造功能性零件和复杂几何形状的产品。

图 3.43 所示为利用黏结剂喷射生产的零件。

黏结剂喷射
及其应用

图 3.43　利用黏结剂喷射生产的零件

3. 黏结剂喷射的应用

（1）铸造模具制造。黏结剂喷射可以用于制造大型铸造模具，这些模具用于铸造金属零件，如汽车零件、航空航天领域的组件。由于利用黏结剂喷射能够快速制造出复杂的模具形状，因此在生产中可以缩短模具的开发周期，降低总成本（详见 6.4 增材制造技术在金属铸造领域的应用）。

（2）金属零件生产。黏结剂喷射适用于生产金属零件，特别是对力学性能要求不是特别高的零件。利用黏结剂喷射可以实现快速原型制作和小批量生产，缩短产品开发周期。

(3) 复杂陶瓷部件制造。在需要耐高温、具有特定电学性质的场合（如半导体制造设备中的陶瓷部件），黏结剂喷射可以用于制造结构复杂、尺寸精确的陶瓷零件。

(4) 个性化产品定制。黏结剂喷射能够实现个性化定制产品的生产，如定制的珠宝、艺术品等，这些产品往往具有独特的设计和精细的结构。

(5) 批量生产。因为黏结剂喷射可以在短时间内制造大量相同的零件（如工业零部件或建筑构件），所以适合批量生产。

(6) 医疗模型和植入物制造。在医疗领域，黏结剂喷射可以用于制造定制的医疗模型和植入物，即根据患者的具体解剖结构定制模型和植入物，以提高手术的成功率和患者的康复效果。

(7) 教育和研究领域应用。黏结剂喷射在教育和研究领域用于制造教学模型、科研样品等，以帮助学生和研究人员更好地理解复杂的科学概念及设计原理。

3.5.2 多射流熔融

多射流熔融（multi jet fusion，MJF） 技术是惠普公司于 2016 年推出的一项增材制造技术。

MJF 使用液体熔合剂将粉末状聚合物材料逐层熔合在一起，因使用多个喷头而得名。利用其可快速生产出含有粉末状热塑性塑料的精确且细致的复杂零件。惠普的 MJF 与其金属打印机中使用的 Metal Jet 增材制造工艺非常相似，但 Metal Jet 使用的是金属粉末，而不是塑料粉末。

尽管 MJF 技术不完全属于国际标准组织定义的七个增材制造技术类别，但它是黏结剂喷射的一种。所有黏结剂喷射增材制造技术均将液体材料喷射到粉末材料层上。在传统意义上，黏结剂喷射是一种"冷"技术，而 MJF 在打印过程中引入了热量，提高了成形件的质量。

1. 多射流熔融的工作原理

MJF 的工作原理如图 3.44 所示，工作过程如图 3.45 所示。

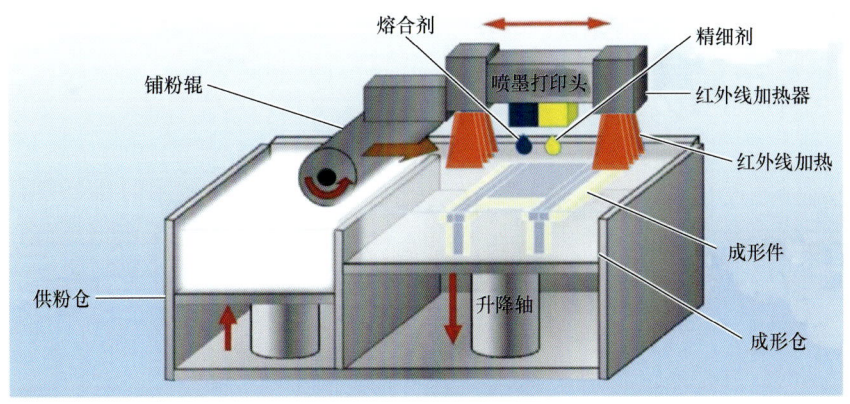

图 3.44　MJF 的工作原理

(1) 铺粉辊在成形仓上铺设一层粉末。
(2) 喷墨打印头在粉末需要熔融的位置选择性喷射熔合剂。

 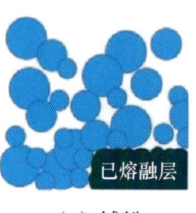 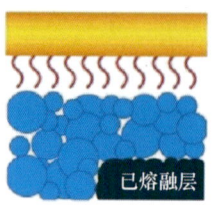 

(a) 铺粉　　　　　(b) 喷射　　　　　(c) 加热　　　　　(d) 层间熔融

图 3.45　MJF 的工作过程

(3) 喷墨打印头在需要降低边界熔融效果的位置有选择性地喷射精细剂，使暴露于精细剂的区域减少边界熔融，以得到具有清晰、平滑边缘的成形件。

(4) 红外线加热器对打印工作区进行红外线加热，使熔融区域熔化，没有喷射到熔合剂的区域粉末保持原状，作为支撑熔融区域的材料。

(5) 重复上述过程，形成完整的成形件。

成形后，整个粉末床及其中的成形件被移动到处理站冷却，然后用真空吸走松散的未熔化粉末以重复使用。随后对成形件进行喷砂、喷水处理，以去除残留的粉末，也可以使用滚筒清洗机、超声波清洗机或振动方式手动、自动完成此操作，最后视需要进行加工及打磨等后处理。MJF 设备及熔合剂喷射示意如图 3.46 所示。

(a) MJF 设备　　　　　　　　　　(b) 熔合剂喷射示意

图 3.46　MJF 设备及熔合剂喷射示意

2. 多射流熔融的特点

(1) 简化了工作流程，粉末可回收利用，减少了浪费，降低了成本，可实现快速原型及零部件制造。MJF 清理现场如图 3.47 所示。

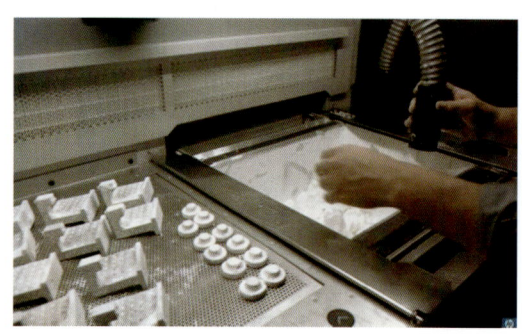

图 3.47　MJF 清理现场

(2) 降低了使用门槛，并支持各行业新应用的开放式材料与软件创新平台。

(3) 设计自由，无须支撑结构，表面质量高，并且能够在后处理中为零件着色。

(4) 能够按需生产具有近各向同性特性的最终用途零件；能实现精确打印，呈现精美细节，产品的性能一致性较好。

(5) 对小批量订单成形速度快，综合成本具备竞争力。

(6) 需要较高的初始设备投资，所有材料均为专用材料；无法生产弯曲的、空心的几何形状零件；最终产品是灰色的，零件着色只能在后处理中进行。

3. 多射流熔融的应用

MJF 是一种高精度、高效的增材制造工艺，能够成形具有出色机械性能和外观的尼龙零件。利用 MJF 生产的产品如图 3.48 所示。由于熔融的尼龙材料在冷却后会形成坚固的结构，因此利用 MJF 生产的模型具有较高的强度和耐用性。MJF 通常用于制造功能原型和最终用途零件、需要一致的各向同性机械性能的零件、具有复杂几何形状的零件，在航空航天、汽车工业、医疗器械、消费电子和创意设计等领域具有广泛的应用前景。虽然 MJF 存在设备成本高、后期处理烦琐等不足，但随着技术的不断发展和完善，其将在更多领域发挥独特优势。

多射流熔融成形零件及清理

图 3.48 利用 MJF 生产的产品

3.6 粉末床熔融

粉末床熔融（powder bed fusion，PBF）是指通过热能（如激光、电子束等）选择性地熔化、烧结粉末床区域材料的增材制造工艺。该工艺的原材料是粉末材料（如热塑性聚合物、金属、无机非金属材料等），将粉末材料铺于粉末床上，属于铺粉工艺。目前，PBF 根据热源主要分为基于激光的 PBF 和基于电子束的 PBF 两大类。基于激光的 PBF 采用激光作为热源，包括选区激光烧结（selective laser sintering，SLS）、选区激光熔化（selective laser melting，SLM）；基于电子束的 PBF 采用电子束作为热源，包括电子束选区熔化（electron beam selective melting，EBSM）等。

3.6.1 选区激光烧结

1. 选区激光烧结的工作原理

SLS 是一种采用红外光作为热源烧结粉末材料，并以逐层堆积的方式成形三维零件的增材制造工艺。SLS 的工作原理如图 3.49 所示。

SLS 通常采用波长为 $10.6\mu m$ 的二氧化碳激光作为热源烧结粉末材料，并以逐层堆积的方式成形三维零件。受限于激光器较小的功率，SLS 使用最广泛的材料是高分子材料。这是因为高分子材料的成形温度较低，所需激光器功率较小。烧结高分子材料的基本工艺

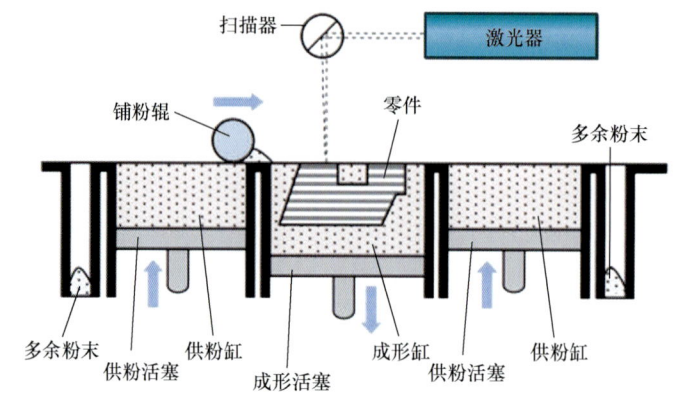

图 3.49 SLS 的工作原理

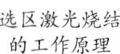

选区激光烧结的工作原理

过程如下：首先用铺粉辊铺上一层粉末材料，并将粉末加热至略低于材料烧结温度，接着用激光束（受计算机控制）对粉末进行扫描照射，激光照射部分的粉末发生烧结并逐渐形成零件的一层截面，未经烧结的粉末能够支撑正在烧结的工件。烧结一层后，成形缸下降一个层厚的距离，铺粉辊在已烧结的结构上铺设一层新粉末，进行下一层的扫描、烧结，如此层层叠加，直至完成整个实体。

利用 SLS 既可以烧结高分子粉末，又可以烧结陶瓷粉末及金属粉末。由于 SLS 使用的激光器功率较小，因此烧结陶瓷零件或金属零件时要采用间接制造法。烧结前，将熔点较低的粉末材料（如高分子聚合物粉末、低熔点金属粉末等）与金属粉末或者陶瓷粉末混合。烧结时，低熔点的粉末材料熔化而高熔点的金属粉末或者陶瓷粉末未熔化。熔化的低熔点粉末材料作为黏结剂，黏结高熔点的金属粉末或者陶瓷粉末。黏结后，通过在熔炉中加热，将作为黏结剂的低熔点材料气化掉，形成多孔的实体。最后，通过渗透低熔点的金属材料提高制件的密度，降低多孔性。

虽然 SLS 和 SLM 均使用粉末材料，但是 SLS 使用的粉末材料是带有黏结剂的粉末材料，且黏结剂的熔点比基材粉末的熔点低，当激光照射时，粉末材料中的黏结剂熔化，黏结基材粉末，从而逐层堆积形成工件。利用 SLS 制造的金属零件存在孔隙，力学性能较差，若要使用这些零件，则要经过高温重熔。随着其他金属增材制造工艺的发展，利用 SLS 进行间接金属成形的应用越来越少。

2. 选区激光烧结的特点

（1）成形件结构不受限。利用 SLS 几乎可以成形任意几何形状的零件，尤其适合生产形状复杂、壁薄、带有雕刻表面和内部带有空腔结构的零件，以及含有悬臂结构、中空结构和槽中套槽结构的零件，并且成形件力学性能较好，强度较高，生产成本较低。

（2）无须支撑结构。SLS 各层未烧结的粉末起到了自然支撑烧结层的作用，故省时省料，并且降低了对零件 CAD 设计的要求。

（3）可使用的成形材料范围广。任何受热黏结的粉末都可能被用作 SLS 的原材料，包括塑料、陶瓷、尼龙、石蜡、金属粉末及其复合粉，并且材料的利用率高（接近 100%）。

（4）可快速获得金属零件。采用易熔消失模料代替蜡模直接用于精密铸造，不必制作模具和翻模，从而可通过精密铸造快速获得结构铸件。

（5）未烧结的粉末可重复使用，材料浪费极小。

（6）应用面广。由于可使用的成形材料种类很多，因此SLS适用于很多领域，如原型设计验证，制作模具母模、精密铸造的熔模、铸造用型壳型芯等。

（7）需要后处理。利用SLS生产的制件表面粗糙、内部疏松多孔，需要后处理。

3. 选区激光烧结的应用

SLS已经成功应用于汽车、造船、航空航天、通信、微机电系统、建筑、医疗、考古等领域，为传统制造业注入了新的创造力。利用SLS制造的典型零件及零件清理现场如图3.50所示。下面简单介绍SLS的主要应用。

（a）塑料件

（b）陶瓷件

选区激光烧结

（c）金属件

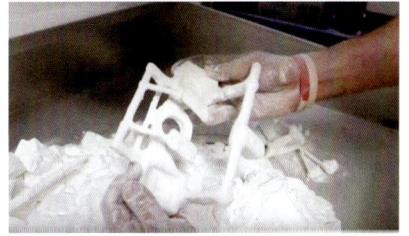
（d）零件清理现场

图 3.50　利用 SLS 制造的典型零件及零件清理现场

（1）快速原型制造。利用SLS可以快速制造出设计的原型模型，从而缩短从设计到成品的时间，客户能够更加快速、直观地看到最终产品的原型，并及时评估和修正。

（2）新型材料的制备及研发。利用SLS可以研制一些新兴的粉末颗粒材料，以增强复合材料的强度和性能。这对开发新材料和提高现有材料的性能有重要意义。

（3）小批量、特殊零件的制造加工。面对小批量或特殊零件的制造需求时，采用传统制造方法成本较高，而SLS提供了一种成本低、效益高、生产速度快的解决方案，尤其适用于形状复杂、难以通过传统制造方法制造的零件。

（4）快速模具和工具制造。利用SLS制造的零件可以直接作为模具，如应用在熔模铸造、砂型铸造和注塑生产中。此外，经过适当的后处理，这些零件还可以作为功能零件。

（5）逆向工程应用。利用SLS可以在没有设计图样或CAD模型的情况下，根据现有的零件原型，利用三维扫描和CAD技术重新构建原型的CAD模型，实现逆向工程应用。

（6）医学应用。利用SLS制造的零件具有一定的孔隙率，适用于人工骨骼和组织工程支架材料的制造。临床研究证明，这种人工骨骼的生物相容性较好。

（7）航空航天领域应用。SLS在航空航天领域用于制造复杂的零件和组件，如飞机内部的支架和外壳。制造这些零件通常需要轻量化和高强度的材料，SLS 能够满足这些要求，并减少材料浪费。图 3.51 所示为利用 SLS 生产的涡轮盘。

（8）汽车工业应用。在汽车工业中，SLS 用于快速制造汽车零部件原型和功能性模型，加速新车型的研发流程，并在生产前进行必要的测试和验证。图 3.52 所示为利用 SLS 生产的汽车发动机气缸。

选区激光烧结材料及应用

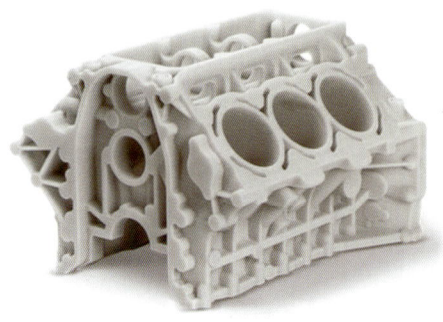

图 3.51　利用 SLS 生产的涡轮盘　　　图 3.52　利用 SLS 生产的汽车发动机气缸

3.6.2　选区激光熔化

SLM 是一种利用大功率激光器熔化金属粉末，直接成形致密的金属零件的增材制造工艺。SLM 与 SLS 的工作原理相似，二者都采用激光作为热源，原材料都是粉末，都是利用激光束对粉末床中铺好的粉末进行照射，但 SLM 使用的是输出波长较短的大功率激光器，主要是输出波长为 $1.09\mu m$ 的光纤激光器和输出波长为 $1.064\mu m$ 的 Nd：YAG 激光器。由于金属粉末对短波长激光的吸收率较高，并且 SLM 使用的激光能量密度高，因此 SLM 能够将金属粉末直接熔化，熔化后的金属形成熔池。随着激光束的移动，熔化的金属迅速冷却，实现金属零件的直接制造。由于激光使粉末完全熔化，因此一般需要在 SLM 生产过程中添加支撑结构。

SLM 使用的成形材料主要是金属粉末，如钛基合金粉末、铁基合金粉末、镍基合金粉末等，它们均具有较高的激光吸收率，粉末的纯度、粒度及粒度分布、球形度、流动性、松装密度等指标对 SLM 的成形过程和成形件的性能影响很大。为了保证粉末纯度，要严格控制金属粉末的氧含量和氮、碳等杂质元素的含量。一般每层粉末的厚度是粉末粒径的 2～6 倍。如果粉末粒度大，所铺设粉末的层厚增大，每次成形的厚度增大，成形精度就会下降。为保证成形精度，SLM 一般采用粒径为 $\phi15\sim\phi60\mu m$ 的粉末。研究表明，将粗粉与细粉混合，细粉进入粗粉的空隙，所得粉末具有较宽的粒度分布，能有效提高粉末的成形性能。

3.6.3　电子束选区熔化

EBSM 是 20 世纪 90 年代中期发展起来的一种采用高能高速的电子束，在真空环境有选择性地轰击金属粉末，从而使粉末材料熔化成形的增材制造工艺。EBSM 具有能量利用率高、无反射、功率密度高、扫描速度快、真空环境无污染、残余应力低等优点，适用于活性、难熔、脆性金属材料的增材制造，在航空航天、生物医疗、汽车、模具等领域具有广阔的应用前景。

目前已经商业化的 EBSM 金属粉末材料有钛合金、钴铬合金、镍基高温合金、不锈钢、高合金工具钢、钛铝合金、铝合金、铜合金、铌合金、纯铜、高熔点金属等。由于电子束能量较高，因此 EBSM 使用的粉末粒径较大。

3.7 定向能量沉积

定向能量沉积（directed energy deposition，DED）是指利用汇聚的热能（如激光、电子束、电弧、等离子束等）将材料同步熔化沉积的增材制造工艺。定向能量沉积的原材料包括粉末材料和丝状金属材料两类。

定向能量沉积

3.7.1 激光近净成形

20 世纪 90 年代以来，以激光为热源，采用同步送粉激光熔化沉积方法形成致密金属零件成为金属增材制造的主要方法，并依据该研究相继研发出一系列工艺，如激光近净成形（laser engineered net shaping，LENS）、直接金属沉积（direct metal deposition，DMD）、激光金属沉积（laser metal deposition，LMD）、直接激光制造（direct light fabrication，DLF）、激光固化（laser consolidation，LC）、激光粉末沉积（laser powder deposition，LPD）、直接激光沉积（direct laser deposition，DLD）、激光直接制造（direct laser fabrication，DLF）、激光快速成形（laser rapid forming，LRF）、激光立体成形技术（laser solid forming，LSF）等。虽然这些工艺的名称不同，但基本原理相同，都是基于同步送粉激光熔覆的增材制造。

3.7.2 激光熔丝增材制造

激光熔丝增材制造（laser wire additive manufacturing，LWAM）装置通常包括激光器、送丝机构、运动平台及检测系统等模块。丝材通过送丝机构按照一定的速度进入高功率激光束的作用区域，受热熔化，熔化的金属过渡到基板的熔池区域，最终通过层层堆叠形成高致密性、高性能的大型复杂金属零件。其加工的零件精度较高，适用于复杂金属零件近净成形。

3.7.3 电子束自由成形制造

LENS 采用金属粉末作为原材料成形，但金属粉末的沉积速度较低，原材料成本较高，故制造体积较大的结构时成本较高。因此，熔丝沉积方式应运而生，其特点是原材料为金属丝。

电子束自由成形制造（electron beam freeform fabrication，EBF）是熔丝沉积方式的一种。其在真空环境中，利用高能量密度的电子束轰击金属表面形成熔池，金属丝通过送丝装置被送入熔池并熔化，同时熔池按照预先规划的路径运动，金属材料逐层凝固堆积，形成致密的冶金结合，直至制造出金属零件。该工艺以线（丝）材为成形原料，降低了生产成本，同时成形速度高，沉积效率高，成形大型金属结构件具有显著优势。

3.7.4 电弧熔丝增材制造

电弧熔丝增材制造（wire arc additive manufacturing，WAAM）又称电弧法熔丝沉积

成形。WAAM 利用电弧熔化金属丝材,并按照成形路径堆积每一层,逐层叠加形成所需的三维实体。与其他增材制造工艺相比,WAAM 具有材料利用率高、成形效率高、制造成本低等优点,适合制造大型零件。

3.7.5 等离子弧熔丝增材制造

等离子弧熔丝增材制造(wire and plasma arc additive manufacturing,WPAAM)以等离子弧为热源,以丝材为原材料,扫描成形路径,在金属基板上形成移动的熔池,将外部填充的金属丝熔化而成的金属熔滴不断送入熔池,通过在成形路径上逐点逐道逐层累积金属材料,实现零件的快速、高效、高性能成形。

3.8 其他增材工艺

3.8.1 四维打印

四维打印最初被定义为"三维打印+时间",即在三维打印的基础上,在一定的外界环境激励下,三维构件的结构在时间维度上产生变化。随着研究和技术的不断发展,四维打印的内涵更全面。在目前的研究中,四维打印一般使用可编程物质(通常为智能复合材料)作为打印材料,通过三维打印方式打印出三维构件,该构件能随时间的推移在预定的激励或刺激(如遇水、冷却、通电、光照、加热、加压等)下,自动改变形状、物理属性(如结构、形态、体积、密度、色彩、亮度、弹性、硬度、导电性、电磁特性和光学特性等)或功能。

四维打印的成形工艺通常为典型三维打印的成形工艺,如 FDM、SLA 等,其核心在于所使用的智能材料。目前,四维打印智能材料按不同材料属性分为聚合物、形状记忆合金、陶瓷材料等,其中聚合物又分为形状记忆聚合物、电活性聚合物、水驱动型聚合物。

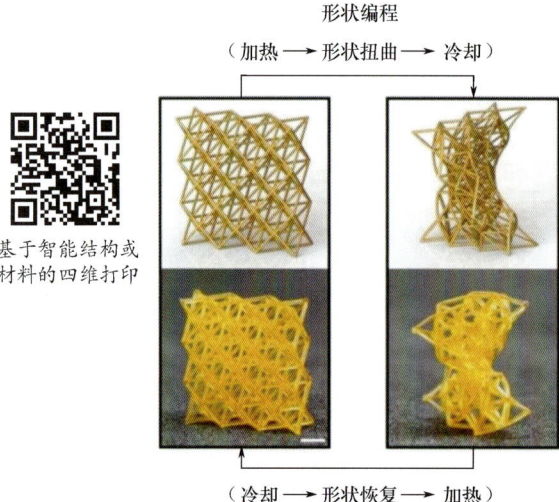

基于智能结构或材料的四维打印

图 3.53 形状记忆聚合物构件的变化过程

形状记忆聚合物至少存在两种稳定状态,也称存在双稳态,在外界刺激下,构件发生折叠、弯曲、扭曲等一系列宏观变形行为,实现从一种状态向另一种状态的转变。此类材料包括聚合物纤维、光敏材料或光响应材料等。图 3.53 所示为形状记忆聚合物构件的变化过程。一般而言,形状记忆效应涉及两个循环步骤:一个是编程步骤,结构的初始形状改变,然后保持亚稳态的临时形状;另一个是恢复步骤,响应适当的外界刺激,恢复初始形状。因此,形状记忆聚合物构件可以保持暂时的形状,直至被施加适当的外界刺激。

电活性聚合物是一类在电场的刺激

下尺寸或形状可产生大幅度变化的新型柔性功能材料,主要包括离子聚合物-金属复合材料、巴克凝胶等。图 3.54 所示为由电活性聚合物四维打印的人造肌肉,当有电流通过时,人造肌肉会发生形变,可以实现机器人局部无动力源的感知回应。

图 3.54　由电活性聚合物四维打印的人造肌肉

水驱动型聚合物构件主要根据材料的吸水特性设计,最终达到所需的变形结构。图 3.55 所示为最初的二维物体在水的驱动下,自组装成三维物体的过程。

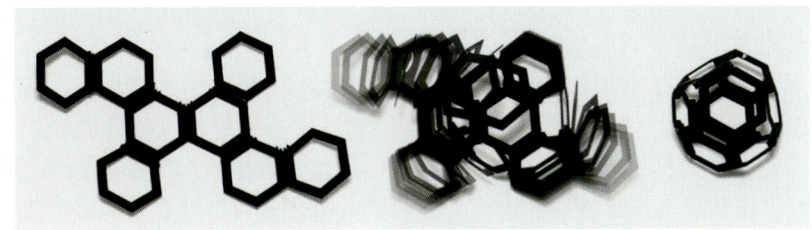

图 3.55　二维物体在水的驱动下自组装成三维物体

四维打印的出现使传统材料制造发生了革命性的变化,不仅使成形宏观复杂的三维结构成为可能,还赋予这种结构先进的智能性。四维打印在航空航天、生物医疗、柔性机器人等领域具有广阔的应用前景。

四维打印实例

虽然四维打印技术在诸多领域有广阔的应用前景,但其仍然是一项新颖的技术,还需要面临多方面的挑战,包括具有可逆性的智能材料的开发、具有良好适应性的计算机建模调控软件设计、综合考虑不同因素的评价体系等。

3.8.2　五维打印

1. 五维打印的概念

增材制造被称为三维打印,在三个几何维度(X-Y-Z)上可自由制造。2013 年,美国人提出四维打印概念,是指制造的构件可以随时间改变结构,增加了时间维度。我国卢秉恒院士于 2015 年提出了五维打印概念。他认为除结构随着时间变化外,功能也可改变与再生,故五维打印<u>增加了功能维度</u>。这一观点将使传统的静态结构和固定性能的制造向着动态及功能可变的制造发展,突破传统的制造理念,朝着结构智能和功能创生方向发展。五维打印仍采用三维打印设备,但其打印材料是具有活性功能的细胞和生物因子,具有生命活力,这些生物材料在后续发展中会发生功能变化,因此,必须从后续功能出发,<u>在制造的初始阶段就设计全生命周期</u>。

五维打印的创新将给制造技术、人工智能带来颠覆性的变革发展,将制造的目标产品从非生命体发展为可变形可变性的生命体。五维打印在近期可为人体的器官更换和人的健康服务,在远期有望开创制造科学与生命科学的新方向,推动人工智能的划时代发展。五维打印将利用生物的能量、驱动能力、逻辑思维能力，为未来的机器装备发展提供低能耗、柔性自由驱动和类人智能技术新方向。

五维打印的核心是制造具有生命功能的组织，为人类提供可定制化制造的功能器官或组织。

2. 五维打印的关键问题

五维打印是制造技术与生命科学技术的融合，有目的的设计制造与调控是五维打印的核心要点。五维打印的关键问题包括以下五个方面。

（1）基于功能的生命体结构设计制造。在认识生命体自我生长特性的基础上，需发展细胞和基因尺度的单元原始态及生长过程的结构与功能设计理论。

（2）五维打印的生命单元调控方法与活性保持。五维打印的最大特点是生命体的功能再生，保证生命体的活性是根本。

（3）功能形成机理与构件功能形成。要开展不同材料、结构在一定环境下生长为不同组织和功能的细胞、组织的机理研究。

（4）信息载体与传导组织构建。生命体是可由信息控制的功能组织，实现人造大脑与人体原器官及若干人造器官的信息收集、决策控制与驱动等都是有待研究和创新的领域。

（5）多功能器件或组织的制造与功能评价。需要认识五维打印与功能形成的关系，对多功能器件或组织的功能进行评价和测定，为研制具有生命体的器官和器件提供技术支撑。

3. 五维打印的发展方向

五维打印将使人类打印应用的材料从木材、金属、硅材料等向生命体材料发展，其制造的不再是不可变的结构，而是具有功能再生的功能器件。在这个过程中需要建立功能引导变革性设计与制造技术，通过学科交叉融合来推动制造技术的发展。

思考题

1. 增材制造工艺主要分为哪七大类？
2. 材料挤出适合成形什么材料？请列举三种材料挤出式增材制造工艺。
3. 简述立体光固化中三种主要成形工艺的工作流程及特点。
4. 简述双光子聚合光固化成形实现纳米尺度增材制造的机理。
5. 叠层实体制造系统由哪些机构组成？其工作原理是什么？
6. 简述聚合物喷射的工作原理及特点。
7. 目前黏结剂喷射技术与最早的黏结剂喷射技术最明显的差异是什么？
8. 为什么利用多射流熔融成形可以提高成形产品的质量？简述其工作过程。
9. 粉末床熔融有哪些主要工艺？
10. 选区激光烧结与选区激光熔化的主要差异是什么？选区激光烧结有哪些主要应用？
11. 什么是定向能量沉积？其典型工艺有哪些？
12. 什么是四维打印？
13. 简述五维打印的基本概念。

第 4 章

金属增材制造技术的主要工艺

◆ **本章教学要求**

教学目标	知识目标	1. 掌握金属增材制造工艺的分类。 2. 掌握金属增材制造用粉末的四种典型制备工艺及特点。 3. 掌握粉末床熔融的各种工艺的工作原理，熟悉其特点及应用。 4. 掌握定向能量沉积的五种典型工艺的工作原理。 5. 掌握薄材叠层的主要工艺的工作原理。 6. 熟悉喷墨液态金属增材制造的主要工艺的工作原理。 7. 掌握冷喷涂增材制造的工作原理，熟悉其主要应用。 8. 了解其他金属增材制造工艺。 9. 熟悉复合式增材制造的含义。 10. 掌握激光增材再制造的分类。 11. 了解金属粉末增材制造的生产安全措施
	能力目标	1. 掌握金属粉末制备的四种典型工艺原理，并知悉每种工艺适合制备的金属粉末。 2. 知悉各种金属增材制造工艺的特点及应用。 3. 重点掌握粉末床熔融和定向能量沉积两大类工艺的工作原理及特点
教学内容		1. 金属增材制造工艺的五大类。 2. 金属增材制造用粉末的典型制备工艺。 3. 粉末床熔融。 4. 定向能量沉积。 5. 薄材叠层。 6. 喷墨液态金属增材制造。 7. 冷喷涂增材制造。 8. 其他金属增材制造工艺。 9. 复合式增材制造。 10. 激光增材再制造。 11. 金属粉末增材制造的生产安全
重点难点及解决方法		1. 对粉末床熔融各种工艺的工作原理、特点及应用，通过加工实例阐述。 2. 对定向能量沉积各种工艺的工作原理、特点及应用，通过加工实例阐述。 3. 对激光增材再制造的工作原理、特点及应用，通过加工实例阐述
学时分配		授课 6 学时

金属增材制造技术通常是以金属粉末或金属丝材为原料，采用激光、电子束、电弧等高能束作为能量源，以计算机三维 CAD 数据模型为基础，运用离散—堆积的原理，在软件与数控系统的控制下将原料熔化，逐点、逐层堆积，从而实现金属构件的快速制造。金属增材制造技术不仅可用于制造传统制造技术难以制造或无法制造的精密、复杂金属零件，还可用于金属零部件的高性能修复和再制造，并可与传统制造技术结合，形成复合制造或组合制造，提升传统制造技术的效能，促进传统制造技术的升级改造，是一种"变革性"的"高性能材料制备与金属零件近净成形"一体化先进制造技术。

目前，适合金属材料增材制造的成形工艺有十余种，可大致分为五大类，如图 4.1 所示，分别为粉末床熔融、定向能量沉积、薄材叠层、喷墨液态金属增材制造、冷喷涂增材制造。虽然在粉末床工艺中存在金属粉末的熔融、烧结和黏结三种成形工艺，但本章主要介绍目前对金属粉末应用最多的粉末床熔融工艺。目前，粉末床熔融、定向能量沉积是主流的金属增材制造工艺。

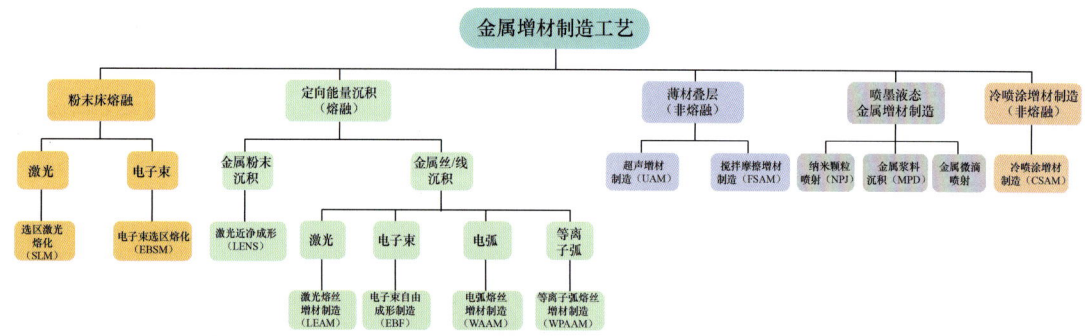

图 4.1 金属增材制造工艺分类

4.1 金属增材制造用粉末典型制备工艺

常见的金属增材制造用材料有铁基合金、镍基合金、钛合金、铝合金、铜合金及贵金属等。随着增材制造技术在各领域的不断发展，其对原材料的质量要求越来越严格，金属粉末的球形度、纯净度、粒度分布、流动性等都对成形零件的质量产生至关重要的影响。因此，增材制造专用金属粉末一般需要具备较低的氧含量和氮含量、良好的球形度、较小的粒度分布区间等特征。

目前，金属粉末制备方法多种多样，按制备过程主要分为物理化学法和机械法两种。增材制造专用金属粉末的制备方法主要采用机械法中的气雾化法［包括真空感应熔炼气雾化（vacuum induction gas atomization，VIGA）和电极感应熔炼气雾化（electrode induction gas atomization，EIGA）等］及等离子雾化法［包括等离子旋转电极雾化（plasma rotating electrode process，PREP）和等离子雾化（plasma atomization，PA）等］，以满足增材制造对于粉末的高品质要求。增材制造专用金属粉末的主要制备方法和粉末特性见表 4.1。

表 4.1　增材制造专用金属粉末的主要制备方法和粉末特性

制备方法	制粉材料	制粉粒度	应用工艺
VIGA	非活性金属及其合金	0～300μm	粉末床熔融、定向能量沉积
EIGA	活性金属及其合金、金属间化合物、难熔金属	15～300μm	粉末床熔融、定向能量沉积
PREP	镍基合金、钛合金、钴合金等	50～500μm	定向能量沉积
PA	镍基合金、钛合金、铝合金及钛铝合金	0～300μm	粉末床熔融、定向能量沉积

4.1.1　真空感应熔炼气雾化

VIGA 是应用极广泛的一种金属粉末的制备方法，其工作原理如图 4.2 所示。合金在真空室的感应式加热坩埚中熔化，熔化的金属液流入感应式加热喷嘴，进而进入雾化器；随后金属液流被高压气体破碎、分散而形成金属液滴进入雾化室，金属液滴在飞行过程中因表面张力球化、凝固形成金属粉末落入下方并被抽入旋风分离器，旋风分离器使粉末从气流中落入粉末收集罐。为了减少粉末在雾化过程中氧化和引入杂质，通常采用惰性气体氩气或化学性质较稳定的氮气作为雾化介质。VIGA 生产设备及生产的金属粉末如图 4.3 所示。

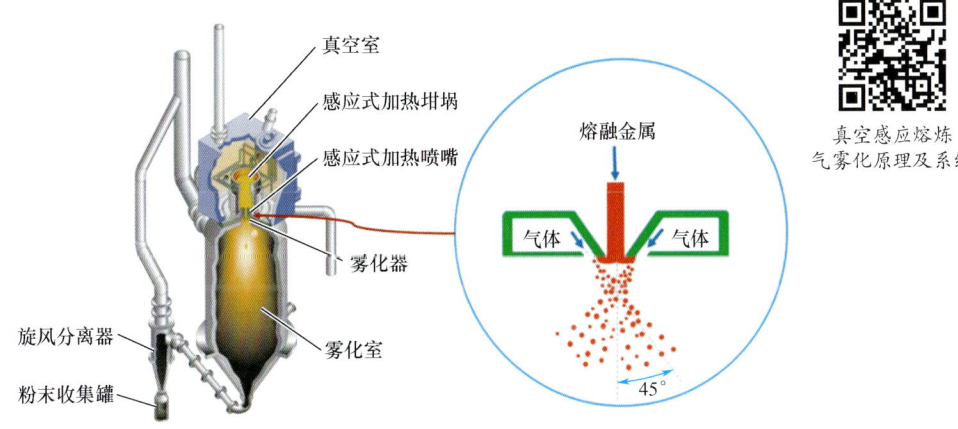

真空感应熔炼气雾化原理及系统

图 4.2　VIGA 的工作原理

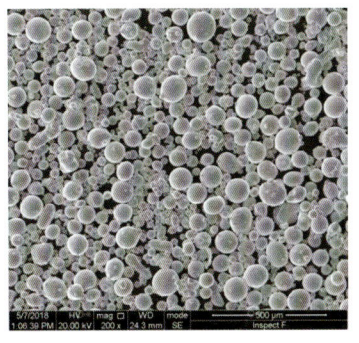

（a）VIGA生产设备　　（b）生产的金属粉末

不锈钢金属粉末的制备及筛分

图 4.3　VIGA 生产设备及生产的金属粉末

金属粉末雾化制备

采用 VIGA 制备金属粉末，细粉收得率高，粉末粒度分布宽，可满足多种工艺的需要，适用的合金包括镍基合金、铁基合金、钴合金、铝合金、铜合金等。由于存在陶瓷坩埚，制成粉末的洁净度受到影响，且活性金属与坩埚发生反应，因此活性金属及其合金不适合采用这种制备方法。

4.1.2 电极感应熔炼气雾化

由于活性金属及其合金在熔化条件下易与陶瓷坩埚发生反应，造成粉末严重污染，甚至造成安全事故，因此采用 VIGA 不能制备钛合金粉末。一种摆脱粉体受坩埚污染的电极感应纯净熔炼技术——EIGA 应运而生。EIGA 采用锥形高频感应线圈非接触式地熔化合金棒料尖端，形成自由降落的液滴或液柱，再进一步雾化制粉。EIGA 的工作原理如图 4.4 所示，将金属棒料安装在送料装置上，对整个装置进行抽真空并充入惰性气体，金属棒料以一定的旋转速度和下降速度进入下方锥形高频感应线圈，棒料尖端在感应线圈中受到感应加热作用而逐渐熔化形成熔体液流，在重力作用下熔体液流直接流入或滴入下方的雾化器并在高速气流冲击下雾化，后续步骤与 VIGA 相同，在雾化室球化、凝固形成金属粉末，然后金属粉末被分离、收集。

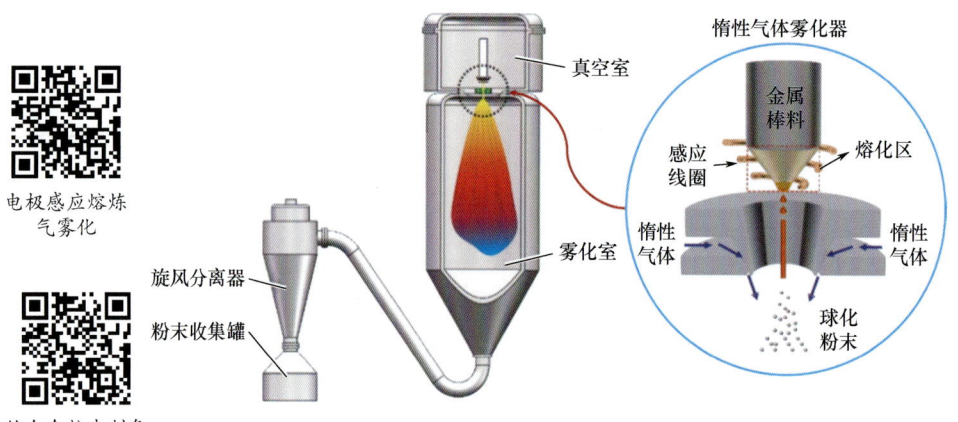

图 4.4 EIGA 的工作原理

由于 EIGA 采用无坩埚式熔炼，并且通常使用氩气雾化，因此更适用于活性金属（如钛、锆、铌等）或纯度要求高的合金（如医用钴铬钼合金、镍基高温合金等）的粉末制备。由于锥形感应线圈的存在，棒料尖端更细，生成的液流直径更小，因此与 VIGA 相比，采用 EIGA 制备的粉末粒径更小、球形度更好、组织更均匀。EIGA 是制造粉末床熔融用活性金属粉末的常用方法。采用 EIGA 制备钛合金粉末现场如图 4.5 所示，制备的钛合金粉末微观照片如图 4.6 所示。

4.1.3 等离子旋转电极雾化

不同于气雾化法，PREP 制备粉末是在惰性气体氛围下，棒料经高速旋转的传动轴带动而形成较大的离心力，同时棒料一端和固定电极（钨电极）形成氦等离子弧，在高温等离子弧的作用下棒料熔化形成熔融金属液膜，液膜边缘在离心力的作用下沿切线方向分散成小液滴并在表面张力的作用下凝固、球化成粉末。PREP 的工作原理如图 4.7 所示，PREP 生产设备如图 4.8 所示。

图 4.5 采用 EIGA 制备钛合金粉末现场

图 4.6 制备的钛合金粉末微观照片

目前，PREP 是制备增材制造用钛合金粉末质量最高的方法，但是因为驱动电动机的主轴转速有限，金属液流速度受限，液滴直径较大，所以细粉产量低，导致制备成本过高。

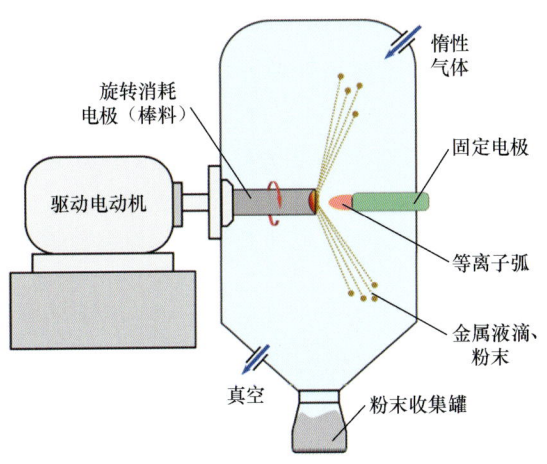
图 4.7 PREP 的工作原理

图 4.8 PREP 生产设备

等离子旋转电极雾化

4.1.4 等离子雾化

PA 一般以丝材为原材料，丝材经过矫直机被送入等离子炬，在等离子炬高温作用下熔化成超细液滴，液滴进入雾化室，因表面张力冷却凝固成超细粉末。PA 的工作原理如图 4.9 所示，PA 生产设备如图 4.10 所示。由于所用原材料为丝材，因此采用 PA 制备粉末的生产成本高。

采用 PA 制备的粉末质量较高，球形度仅次于采用 PREP 制备的粉末，并且等离子炬的焦点温度可达 10000K，理论上可制备所有难熔合金。但是因为所用原材料为丝材，所以难变形合金的粉末制备受到限制。目前采用 PA 制备的粉末产品涵盖镍基合金、钛合金、铝合金及钛铝合金。

制粉后，还需要对金属粉末进行后处理，主要包括以下步骤。

（1）粉末初级筛分。初级筛分设备常选用超声波振动筛，配套 60 目、100 目、150 目、270 目筛网。采用 60 目筛网去粗，100 目、150 目和 270 目筛网进行分级处理。在采用 270 目筛网筛分过程中，为防止粉末堵塞筛网，需结合超声波筛分系统对粉末进行分级处理，以提高筛分效率和质量。

等离子雾化

金属粉末初级振动筛分

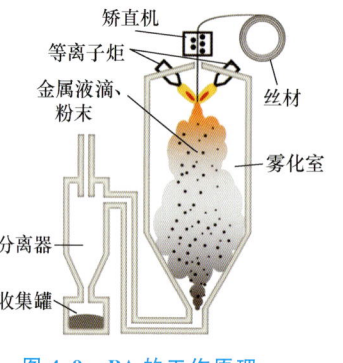

图 4.9　PA 的工作原理

图 4.10　PA 生产设备

粉末烘干及分级

（2）粉末精准分级。粉末精准分级采用精细气流筛分机，依据气体动力学原理对粉末进行精准分级。一般 $53\mu m$ 以下粉末可分级成 $0\sim 15\mu m$ 和 $15\sim 53\mu m$ 两个粒度范围。可以通过调整设备频率及送料参数获得其他粒度范围。

（3）粉末烘干处理。粉末水分含量对金属粉末增氧及流动性有重要影响，使用前需采用一定手段对粉末进行烘干处理。

（4）粉末储存防护。由于粉末比表面积较大，极易吸附空气中的水分，对粉末质量造成不利影响，因此，在处理过程中应采用气体保护，并密切关注环境温湿度。储存粉末时，应采用真空塑封或氩气保护包装，并密封存放于干燥通风处，防止粉末氧、氮含量发生变化。

4.2　粉末床熔融

粉末床熔融是通过热能（激光或电子束）选择性地熔化粉末床区域粉末材料的金属增材制造工艺，主要用于直接制造复杂精密金属零件。

4.2.1　选区激光熔化

1. 选区激光熔化的工作原理

SLM 技术是在 SLS 的基础上，应用大功率激光器直接熔化金属粉末而发展起来的高精度金属近净成形技术。

SLM 与 LMD 的主要不同点在于激光功率和原料供给方式。LMD 的原料供给方式一般为同轴送粉或者侧向送粉，而 SLM 为粉床铺粉。SLM 的工作原理如图 4.11 所示，根据零件三维模型的分层切片信息，扫描振镜控制激光束作用于成形仓内的粉末表面；一层扫描完毕，成形仓的托板随活塞下降一个层厚的距离；供粉仓的活塞上升一个层厚的距离，铺粉辊铺展一个层厚的粉末于已成形层上；重复上述过程，直至所有三维模型的切片层全部扫描完毕。三维模型经逐层累积方式直接成形为金属零件。

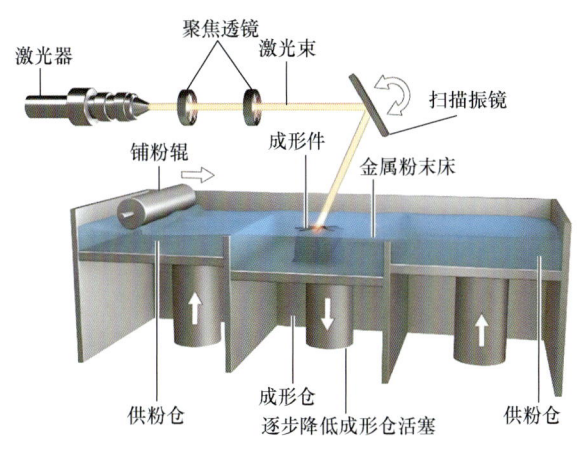

选区激光熔化的成形过程

图 4.11　SLM 的工作原理

2. 选区激光熔化的特点

（1）高精度和近净成形能力。SLM 可以在微米级上精确控制激光熔化金属粉末，从而实现高精度制造。利用 SLM 能够生产接近最终产品形状的零件，减少了后续加工。

（2）材料多样性。SLM 适用于多种金属粉末材料（如钛合金、铝合金、不锈钢和特殊合金等），为制造不同性能要求的零件提供了广泛的材料选择。

（3）复杂几何形状制造能力。由于 SLM 是基于粉末床的逐层制造，因此它能够制造出采用传统制造技术难以或无法实现的复杂几何形状。

（4）优异的机械性能。利用 SLM 制造的零件通常具有较高的密度和良好的机械性能，包括高强度、良好的韧性和疲劳性能。这是因为在 SLM 生产过程中金属粉末经历了完全熔化和快速凝固，形成了细小的晶粒，并优化了微观结构。

（5）节省材料和减少浪费。与传统的减材制造方法相比，SLM 可以显著减少材料浪费，提高材料利用率。

（6）设计自由度高。SLM 打破了传统制造中设计受到工艺限制的束缚，允许设计师自由发挥创意，实现了零件的优化设计，包括内部通道和复杂结构的集成。

（7）适合小批量和定制生产。由于 SLM 不需要制造特定的工具或模具，因此非常适合小批量生产和高度定制化的零件制造。

（8）后处理需求。虽然利用 SLM 制造的零件具有较高的精度和表面质量，但有时仍需要后续的热处理和表面处理（如抛光、磨光等）来满足特定的应用要求。

3. 选区激光熔化的应用

SLM 技术是极具发展前景的金属零件增材制造技术。为保证金属粉末材料快速熔化，SLM 需要高功率密度激光器，光斑聚焦直径由几十微米到几百微米。SLM 的应用范围已经扩展到航空航天、微电子、医疗、珠宝首饰等领域。目前，SLM 的主要应用领域如下。

（1）超轻航空航天零部件的快速制造。在满足不同性能要求的前提下，与采用传统制造方法制造的零件相比，利用 SLM 制造的零件质量可以减少 50% 以上，并且可以减少装配。图 4.12 所示为利用 SLM 成形的航空一体化部件，图 4.13 所示为利用 SLM 成形的经过拓扑优化的航空结构件。

超大型选区激光熔化设备

选区激光熔化成形叶轮

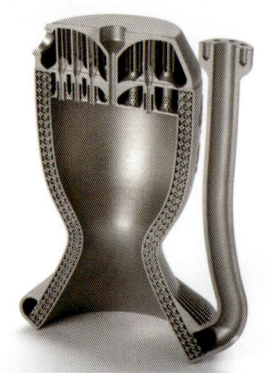

图 4.12　利用 SLM 成形的航空一体化部件

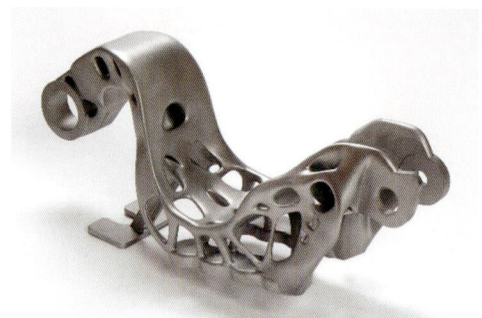

图 4.13　利用 SLM 成形的经过拓扑优化的航空结构件

（2）刀具的快速制造。SLM 可以用于具有随形冷却流道及特殊形状要求的刀具的快速制造，以提高生产效率和产品质量。图 4.14 所示为利用 SLM 成形的石油及天然气开采刀具基体和安装刀头。

（a）石油及天然气开采刀具基体

（b）安装刀头

图 4.14　利用 SLM 成形的石油及天然气开采刀具基体和安装刀头

（3）微散热器的快速制造。SLM 可以用于具有交叉流道的散热器的快速制造，目前流道结构尺寸可以做到 0.5mm，表面粗糙度可以达到 $Ra8.5\mu m$。这种微散热器可以用于冷却高能量密度的微处理器芯片、激光二极管等具有集中热源的器件，主要应用于航空电子领域。

（4）骨植入假体的个性化定制。SLM 具有响应快、制造周期短的优势，适合个性化假体的快速制造。图 4.15 所示为利用 SLM 制造的髋臼杯植入物及牙冠。

（5）在模具制造中的应用。

① SLM 能够通过特定的工艺参数设定，制造出具有多个不规则孔洞的鞋模，这些孔洞直径为 $\phi 0.03 \sim \phi 0.08mm$，模具表面的致密度保持在 93.5% 左右。这种结构不仅实现了局部多孔或整个幅面多孔，还保证了鞋模流体材料不堵塞孔洞，从而获得了良好的透气效果。图 4.16 所示为利用 SLM 成形的鞋模样品。

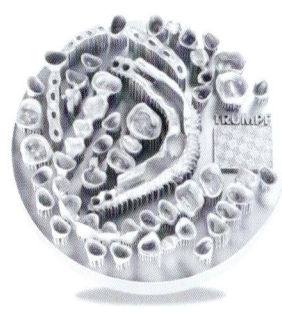

多束激光选区
激光熔化成形

(a) 髋臼杯植入物　　　　　　(b) 牙冠

图 4.15　利用 SLM 制造的髋臼杯植入物及牙冠

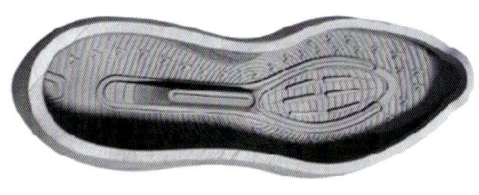

图 4.16　利用 SLM 成形的鞋模样品

② SLM 的加工特点使透气钢一体成形成为可能。如果在注塑生产过程中产生的气体不能有效排出，那么会导致烧焦、困气、走胶不齐等问题。采用 SLM 制造，可以通过调整工艺参数达到不同的致密度，既保证了透气性要求，又可以在非透气区域设计冷却水路，确保透气钢的温度与周边模具钢材的温度一致。图 4.17 所示为利用 SLM 制造的透气钢模具。

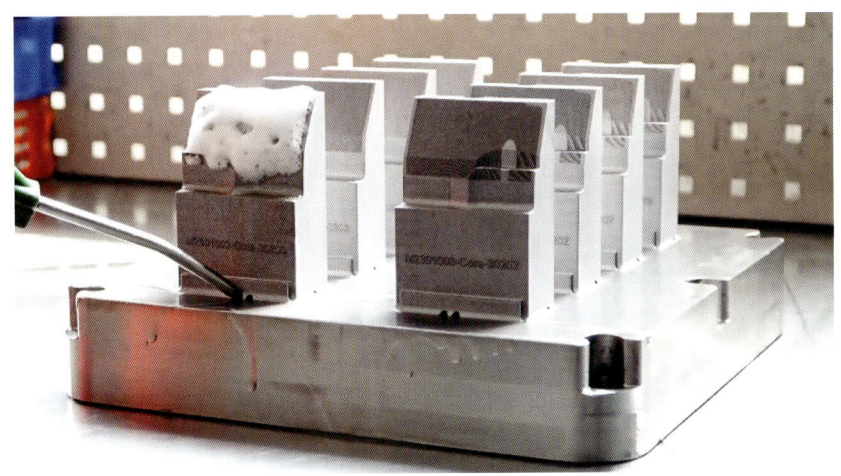

图 4.17　利用 SLM 制造的透气钢模具

③ 受限于传统制造技术，金属模镶件只可做简单的直行水路，冷却效率低且不均匀，注塑产品较易产生变形问题、不良率高。图 4.18 所示为利用 SLM 制造的冷却随形流道模

具镶块。金属模镶件的冷却水路面积增大,水路更贴近产品,可大幅度提升模具镶件与注塑产品的冷却效率,受热更加均匀,从而提升注塑效率,降低注塑产品的不良率。

图 4.18　利用 SLM 制造的冷却随形流道模具镶块

（6）绿光激光与铜及铜合金的 SLM 制造。铜及铜合金是应用广泛的金属材料,仅次于铁、铝。铜及铜合金具有一系列优异性能,被广泛应用于电力、电子、通信、化工、汽车、轨道交通、海洋工程、航空航天、生活饰品等领域。铜及铜合金的 SLM 制造能够更好地发挥铜及铜合金的优异性能。

但铜及铜合金对目前常用的红外激光器的激光吸收率非常低,不到 10%;大功率红外激光器熔化铜及铜合金时会导致过度蒸发和飞溅,影响部件质量;铜及铜合金对红外光的高反射率还可能损坏 SLM 设备的光学元件。因此,铜及铜合金的 SLM 制造需要通过绿光激光器（输出波长较短,约 515nm 或 532nm）进行。由于铜及铜合金对绿光的吸收率接近 40%,因此绿光激光器能使铜及铜合金更好地吸收激光能量,有效熔化铜粉,提高成形效率和质量,降低能耗,同时减少飞溅和蒸发,提高成形精度,并保护光学元件,使成形的铜及铜合金部件致密度高、孔隙率低、性能更优。通过更细的聚焦光斑,能制造出更精细的结构和更小的特征尺寸,满足复杂形状和高精度铜及铜合金部件的制造需求。图 4.19 所示为利用绿光激光器制造的铬锆铜零件。

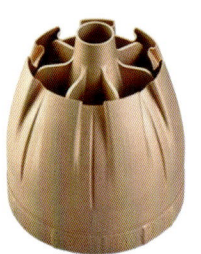  

（a）发动机尾喷管　　　（b）航天空气动力部件　　　（c）热交换组件

图 4.19　利用绿光激光器制造的铬锆铜零件

4.2.2　三维多金属材料选区激光熔化

1. 三维多金属材料选区激光熔化的工作原理

德国弗劳恩霍夫研究所联合 Nikon SLM Solutions 公司在 2016 年公布了一项概念性技术——三维多金属材料 SLM 技术,并在近年得到实现。三维多金属材料 SLM 基于 SLM 的基本原理,在成形仓逐层铺设薄粉并采用激光熔化成形,对铺粉机构进行了改进,能够实现多种材料在模型同一薄层受控分布、成形。三维多金属材料 SLM 的成形流程如图 4.20 所示。A 材料铺粉，用改进的铺粉机构将 A 材料铺设在预定的成形面上；A 材料成形，激光扫描 A 材料的成形区域，将粉末转化为实体；吸除该层未成形粉末，吸粉装置工作，吸除该层未成形的 A 材料粉末；B 材料铺粉，铺设 B 材料粉末；B 材料成形，激光扫描 B 材料的成形区域，将粉末转化为实体，完成该层的多材料成形。重复上述步骤，实现整体零件的多材料成形。

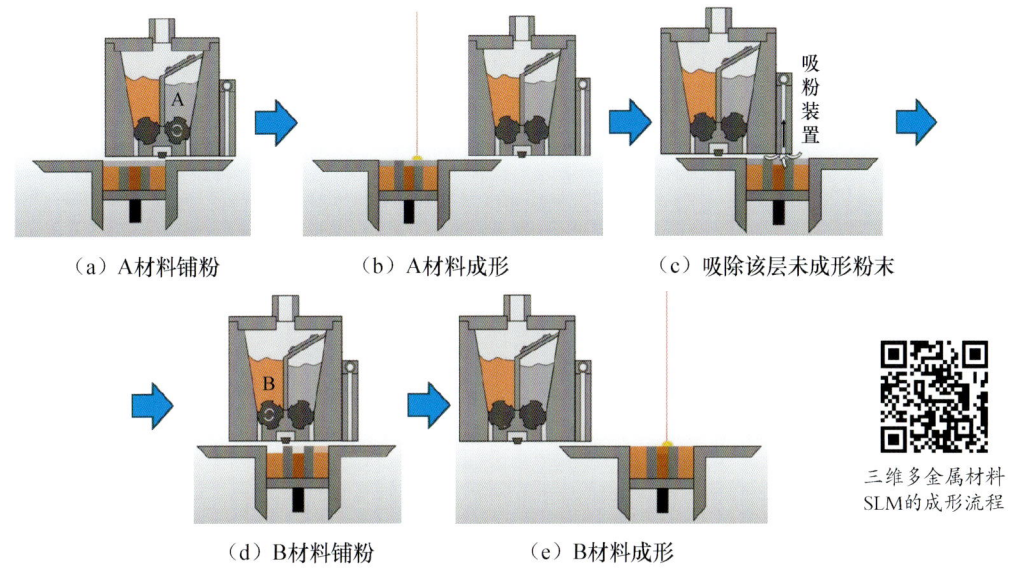

图 4.20 三维多金属材料 SLM 的成形流程

与二维多金属材料 SLM（材料沿成形方向的 Z 轴发生变化，通过普通 SLM 设备在成形过程中更换供粉种类即可实现）相比，三维多材料金属 SLM 要求材料在零件的任意位置随机分布。因此，多种材料必须在同一薄层中共存，普通 SLM 设备不再适用，需要开发专用的三维多材料金属 SLM 设备。

三维多金属材料 SLM 的工艺过程包括前处理、成形及后处理，如图 4.21 所示。前处理首先进行三维 CAD 模型设计，建立目标零件的几何模型，并通过仿真计算与功能优化实现结构性能的提升，同时根据需求进行多材料协同设计，然后进行工艺参数设计等数据处理工作，做好成形准备；成形即依据切片数据进行多材料成形，并对过程实时监控；后处理包括热处理、表面处理及粉末回收，用于提升制件性能并实现粉末的循环利用。

2. 三维多金属材料选区激光熔化的特点

由于能够在一次成形过程中实现异种材料在空间任意分布，因此三维多金属材料 SLM 具有比普通 SLM 鲜明的特点，具体如下。

（1）模型输入不同。为了确定所需的材料分布区域，需要为增材制造过程建立零件的多个子模型。以双材料为例［工具钢和铜合金（CuCr1Zr）］，如图 4.22 所示，需要为每种材料设计一个单独的子模型，以确定合适的材料过渡方式。

（2）铺粉装置不同。三维多金属材料 SLM 的最大挑战是实现多材料铺粉。典型的铺粉机制不支持在一个成形仓内使用多种粉末材料。由此，德国弗劳恩霍夫研究所与 Nikon-

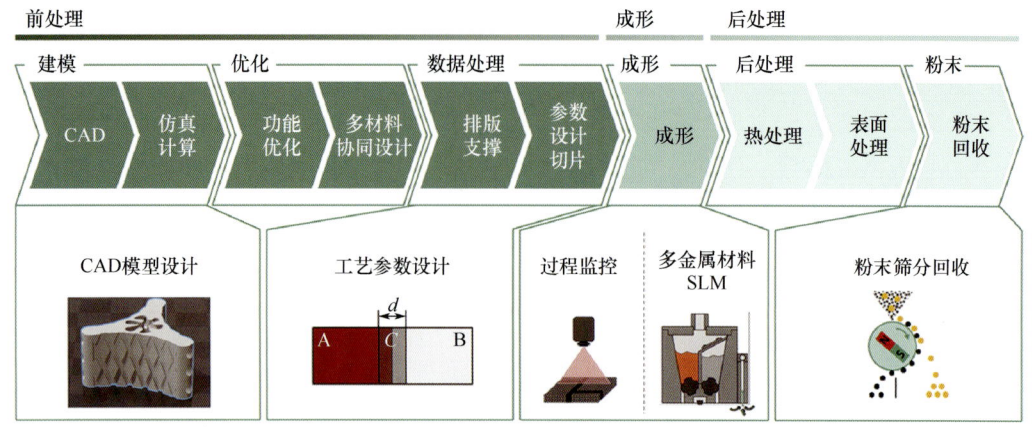

图 4.21 三维多金属材料 SLM 的工艺过程

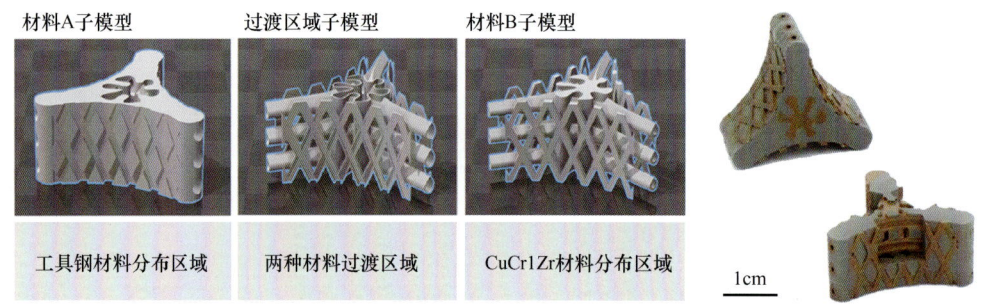

（a）双材料SLM的模型设计流程　　　　　　（b）成形样件

图 4.22 三维双材料 SLM 的模型设计流程及成形样件

SLM Solutions 公司联合开发了 SLM280 2.0 多金属材料增材设备，设备及成形仓如图 4.23 所示，双料仓和吸粉装置的设计使该设备具备多粉末材料的铺粉功能。

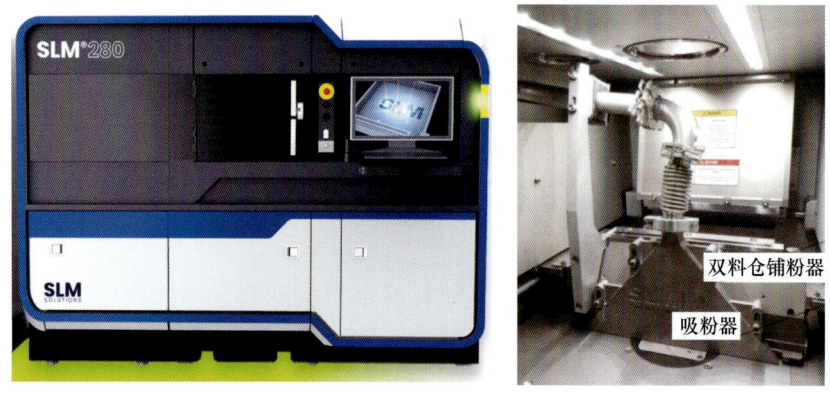

图 4.23　SLM280 2.0 多金属材料增材设备及成形仓

（3）**成形效率受限**。由于三维多金属材料 SLM 需要实现异种材料的切换，因此每层需要铺粉两次（或更多次）并吸除多余粉末，与单金属材料 SLM 相比，成形效率降低。

（4）**后处理复杂**。由于三维多金属材料 SLM 在成形仓内进行异种材料的铺粉过程，因此成形仓内余料和每层吸除的粉末中含有多种材料，导致粉末重复使用存在困难，并且大多需要专用设备和复杂工序。

三维多金属材料 SLM 技术作为 SLM 技术的拓展，具备 SLM 技术的成形精度高、成形质量好等显著优点，是目前极具发展潜力的多金属材料增材制造技术。目前，该技术尚处于实验室研究阶段，还需深入研究。

3. 三维多金属材料选区激光熔化的应用

多金属材料零件能够根据零件使用环境需求，利用不同材料性能的最佳组合实现零件功能。

航空发动机燃烧室是火箭的重要动力来源，其腔室性能越高，火箭的运载能力越强。但燃烧室往往面临高热负荷，同时需要尽可能减重，燃烧室的质量越小，可以向客户出售的运输到太空的付费负载越大。因此，航空航天领域是增材制造的核心行业，尤其是对于多金属材料的增材制造。图 4.24 所示为德国弗劳恩霍夫研究所展示的多金属材料航空发动机燃烧室，其中腔室的耐热外壁采用镍基高温合金，且具有减重设计的加强筋结

图 4.24　德国弗劳恩霍夫研究所展示的多金属材料航空发动机燃烧室

构；中间填充铜合金区域强化燃烧室结构的换热，并且一体成形了冷却流道，实现了回流冷却设计。

4.2.3　电子束选区熔化

1. 电子束选区熔化的工作原理

EBSM 的工作原理与 SLM 的本质相同，只是加工热源换成了电子束，利用高速电子的冲击动能熔化材料。在真空条件下，铺粉器铺设一层金属粉末（厚度通常为 30～70μm），电子束按文件规划路径扫描并熔化金属粉末，将具有高速度和高能量的电子束聚焦到被加工材料上，电子的动能绝大部分转变为热能，使材料局部瞬时熔融，扫描完成后成形仓下降，铺粉器重新铺设一层金属粉末，重复上述过程，从而实现材料的层层堆积，最终成形完整的零件。图 4.25 所示为 EBSM 的工作原理及成形的典型零件。

2. 电子束选区熔化的特点

（1）因电子穿透深度比光子大 3 个数量级，故 EBSM 的成形效率可以达到 SLM 的 3 倍以上。

（2）功率大，扫描速度快。EBSM 熔化粉末材料时的扫描速度可以超过 10m/s。

（3）与 SLM 相比，EBSM 采用的粉末粒度较大，直径一般为 $\phi 45$～$\phi 105\mu m$。直径太小的粉末会增加吹粉的风险。通常粉末粒度越大，价格越低，故 EBSM 采用的粉末更加经济。

（4）EBSM 的成形过程在真空下进行，成形件没有其他杂质，能够保留原始的粉末成

电子束选区熔化

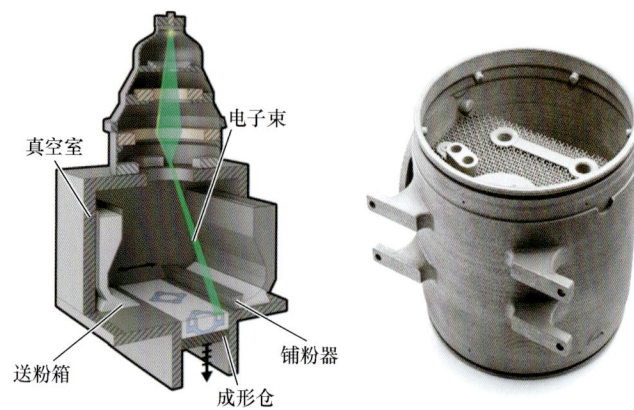

（a）EBSM的工作原理　　　（b）成形的典型零件

图 4.25　EBSM 的工作原理及成形的典型零件

分，这是其他成形技术难以做到的。由于成形过程处于真空状态，热量的散失靠辐射完成，对流不起任何作用，因此在成形过程中能保持热量，温度常维持在 600～700℃，没有预热装置，却能实现预热的功能。

（5）力学性能好。EBSM 成形件的组织非常致密，可达到 100% 的致密度。由于成形过程在真空下进行，成形件内部一般不存在气孔且组织呈快速凝固形貌，因此**成形件的力学性能甚至比锻压成形件好**。

（6）需要一套专用的真空系统，价格较高。

（7）成形前需长时间抽真空，成形准备时间长；抽真空消耗相当多电能，占大部分功耗。

（8）由于电子束束斑直径大（$\phi 180 \sim \phi 400 \mu m$），粉末粒度大，铺粉层厚，因此 EBSM 成形件的加工精度和表面质量低于 SLM 成形件。

（9）在电子束熔化过程中易出现吹粉、球化等现象，导致工件易产生分层、变形、气孔等质量缺陷。

3. 电子束选区熔化的应用

电子束选区熔化的应用

由于 EBSM 可以实现高精度成形，因此可以用于制造形状复杂、结构密集的零件，故其在航空发动机、导弹等领域得到广泛应用。此外，EBSM 还可以用于制造医疗器械、人工骨骼等。下面介绍 EBSM 的主要应用。

（1）航空航天领域。EBSM 可以用于制造航空发动机部件、涡轮叶片、航空航天结构件等。这些部件通常需要具有轻量化、高强度和复杂几何形状等特点，EBSM 能够满足这些要求。图 4.26 所示为利用 EBSM 制造的发动机叶轮及尾锥。

（2）医疗领域。医疗领域对于定制化和个性化产品的需求日益增加，EBSM 可以用于制造植入式医疗器械、假体及手术器械等。利用 EBSM 可以根据患者的具体需要定制医疗器械，提高治疗效果和患者舒适度。利用 EBSM 制造的医疗器械零件如图 4.27 所示。

(a) 发动机叶轮　　(b) 发动机尾锥

图 4.26　利用 EBSM 制造的发动机叶轮及尾锥　　图 4.27　利用 EBSM 制造的医疗器械零件

(3) 汽车领域。EBSM 可以用于制造汽车发动机部件、底盘结构件、制动系统等。汽车制造商可以利用 EBSM 生产轻量化、高强度的零部件，从而提高汽车的性能和燃油效率。

(4) 能源领域。EBSM 可以用于制造燃气涡轮机叶片、核能部件、风力发电机组件等。

(5) 工业制造。EBSM 可以用于制造工业零件、模具、工装夹具等。这些零件、模具、工装夹具等通常具有复杂的几何形状和高精度要求，而 EBSM 可以用快速、高效的方式实现制造。

4.3　定向能量沉积

定向能量沉积是利用聚焦热能（激光、电子束、电弧、等离子弧）将材料（粉末或丝材）同步熔化沉积的金属增材制造工艺，可直接制造出大尺寸的金属零件毛坯。

4.3.1　激光近净成形

1. 激光近净成形的工作原理

LENS 的工作原理如图 4.28 所示。计算机首先将三维 CAD 模型按照一定的厚度切片分层，每一层的二维平面数据被转化为成形设备数控台的运动轨迹。高能量激光束在底层面上生成熔池，并将金属粉末同步送入熔池快速熔化凝固，使之以由点到线、由线到面的顺序凝固，从而完成一个层截面的成形。层层叠加后，制造出近净成形的零部件实体。

2. 激光近净成形的特点

(1) 与 SLM 相比，LENS 的成形效率高，适合制造大型的、致密的金属零件。

(2) 可加工材料范围广，在加工高熔点材料、异质材料（梯度功能材料、复合材料）等方面具有独特优势。

3. 激光近净成形的应用

LENS 能够成形梯度功能材料、修复复杂曲面，尤其在大型器件的修复方面发挥了不可替代的作用，是连接传统制造与增材制造的桥梁。LENS 主要应用于航空航天、汽车、船舶等领域，可以实现金属零件的无模制造，节约成本，缩短生产周期。

（1）航空航天领域。在航空航天领域，LENS 可以用于制造或修复航空发动机和重型燃气轮机的叶轮叶片。这些零部件通常需要具有较高的精确性和耐用性，LENS 能够满足这些要求，同时节约成本和缩短生产周期。图 4.29 所示为利用 LENS 制造薄壁叶片现场。

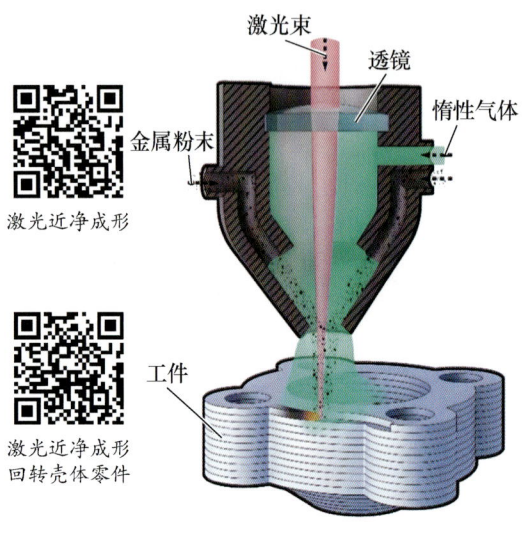

图 4.28　LENS 的工作原理　　　　图 4.29　利用 LENS 制造薄壁叶片现场

（2）汽车领域。在汽车工业中，LENS 可以用于制造轻量化的汽车零部件（如发动机部件、传动系统零件等），实现无模制造，提高生产效率，降低成本。

（3）船舶领域。在船舶领域，LENS 可以用于制造或修复船舶发动机部件和结构件。这些零部件往往需要承受恶劣的工作环境，LENS 能够满足强度和耐久性要求。

（4）医疗领域。LENS 可以用于制造定制的医疗植入物和外科手术工具。这些医疗植入物和外科手术工具通常需要具有高精度和生物相容性，LENS 能够满足这些要求，同时提供个性化的解决方案。

（5）能源领域。LENS 可以用于制造太阳能集热器、风力发电机部件等。这些零部件需要具备良好的耐热性和耐蚀性，LENS 能够提供满足这些特性要求的制造方案。

（6）科研和教育领域。在科研和教育领域，LENS 可以用于制造复杂的实验模型和教学样品，以帮助研究人员和学生更好地理解复杂的科学概念及设计原理。

4.3.2　激光熔丝增材制造

1. 激光熔丝增材制造的工作原理

LWAM 利用激光熔化金属丝材，并逐层堆积构建三维金属部件。LWAM 的工作原理如图 4.30 所示。

在制造前，使用 CAD 软件创建所需零件的三维模型，并将其切割为二维层片，随后将二维层片数据导入增材制造设备。在制造过程中，激光束作为主要热源，其位置和强度受到精确控制，金属丝材作为原材料被送入激光束的焦点区域。激光束对金属丝材加热，使其熔化。熔化的金属随后被精确地堆积在基板上，形成二维层片。随着制造过程的进行，每一层金属都在前一层的基础上堆积和熔合。通过逐层堆积，最终构建出具有复杂形状和内部结构的三维实体零件。在堆积过程中，激光束的精确控制及熔化的金属与基板的熔合是关键，它们确保了零件的精度和强度。LWAM 生产现场如图 4.31 所示。

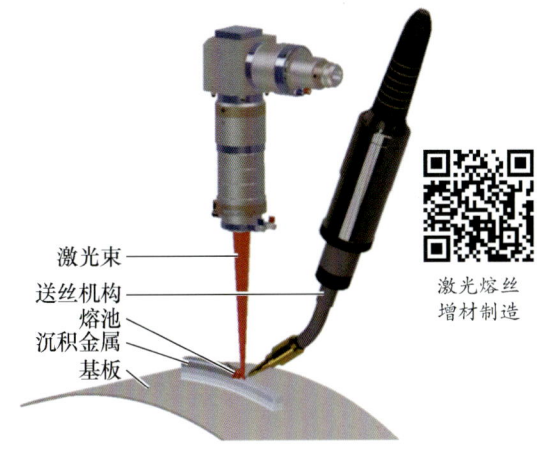

图 4.30　LWAM 的工作原理

图 4.31　LWAM 生产现场

2．激光熔丝增材制造的特点

LWAM 具有许多优点，如制造周期短、材料利用率高、能够制造复杂形状和结构等。此外，它还可以与多种材料兼容，使其具有较广的应用范围。LWAM 的主要特点如下。

（1）高精度。激光束的精确控制使制造出的零件具有较高的尺寸精度和表面质量。

（2）高效率。因激光束的能量密度高，故熔化金属丝材的速度快，从而提高了生产效率。

（3）材料利用率高。与传统的切削加工相比，LWAM 几乎不产生废料。

（4）适用性强。LWAM 可与多种材料（如不锈钢、铝合金、钛合金等）兼容，因此其具有较广的应用范围。

3．激光熔丝增材制造的应用

LWAM 在航空航天、汽车、医疗等领域具有广阔的应用前景。

（1）航空航天领域。航空航天领域对零件的性能和质量要求极高，利用 LWAM 可以制造具有复杂形状和高性能的三维实体零件（如发动机涡轮叶片、飞机起落架等）。

（2）汽车领域。在汽车制造中，LWAM 可以用于制造轻量化零件和结构件（如发动机支架、底盘部件等），从而提高汽车的性能和燃油经济性。

（3）医疗领域。在医疗领域，LWAM 可以用于制造定制化的医疗器械和植入物（如牙科植入物、骨科植入物等），以满足患者的个性化需求。

4.3.3　电子束自由成形制造

1．电子束自由成形制造的工作原理

EBF 技术又称电子束熔丝沉积技术，是近年来发展起来的一种新型增材制造技术。

EBF 的工作原理如图 4.32 所示。与其他增材制造工艺一样，EBF 需要对零件的三维模型进行分层处理，并生成加工路径。EBF 以电子束为热源，熔化送进的金属丝材，并按预定路径沉积，沉积金属与前一层面形成冶金结合，逐层堆积直至形成致密的金属零件。EBF 生产现场如图 4.33 所示。EBF 具有成形速度快、保护效果好、材料利用率高、能量转换效率高等特点，适合大中型钛合金、铝合金等活性金属零件的成形制造与结构修复。

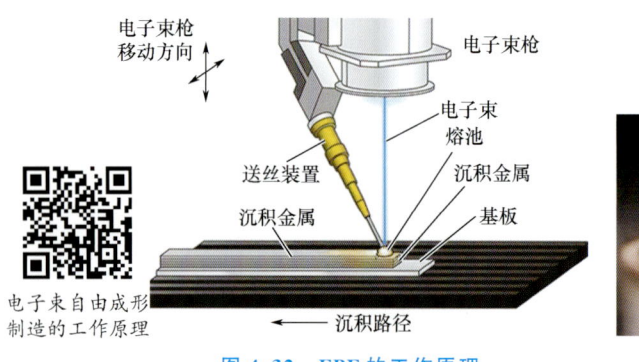

图 4.32　EBF 的工作原理　　　　图 4.33　EBF 生产现场

利用 EBF 生产的金属零件如图 4.34 所示。

图 4.34　利用 EBF 生产的金属零件

2. 电子束自由成形制造的特点

（1）成形速度快。EBF 能够实现快速成形，每小时可处理 7~15kg 钛合金。

（2）材料利用率高。EBF 能够有效地利用金属材料，减少浪费，特别是在制造复杂形状或大型零件时。

（3）保护效果好。由于 EBF 在真空环境中进行，可以保护活性金属不受氧化或其他环境因素的影响，因此确保了零件的质量和性能。

（4）能量转换率高。EBF 具有较高的能量转换效率，电子束能够将大部分能量转换为熔化金属所需的热能，减少了能量损失。

(5) 适合大中型零件制造。EBF 特别适合大中型钛合金、铝合金等活性金属零件的制造，这些材料在传统的制造工艺中可能难以加工或加工成本较高。

(6) 结构修复能力强。EBF 不仅可以用于制造新的零件，还可以用于修复损坏的结构，延长其使用寿命。

(7) 适用材料广泛。EBF 不仅可以直接成形铝、镍、钛或不锈钢等金属材料，还可以将不同材料混合使用或将一种材料嵌入另一种材料，如将光纤玻璃嵌入铝制件，为传感器的集成提供了可能。

(8) 有后续加工需求。利用 EBF 成形的零件表面粗糙度较高，需要后续的机械加工来达到所需的表面质量和尺寸精度。图 4.35 所示为利用 EBF 成形的零件及经后续加工的零件。

电子束自由成形制造

图 4.35 利用 EBF 成形的零件及经后续加工的零件

3. 电子束自由成形制造的应用

EBF 在航空航天、军工、汽车、医疗、能源、科研和教育等领域具有广泛的应用前景。

(1) 航空航天领域。EBF 最初由美国国家航空航天局兰利研究中心开发，主要用于航空航天领域。它用于飞机结构件和发动机部件（如喷气式飞机零件）的制造。EBF 能够替代传统锻造技术，大幅度降低成本并缩短制造周期，为宇航员在国际空间站、月球或火星表面加工备用结构件和新型工具提供了一种便捷的途径。

(2) 军工领域。EBF 在军工制造业中可以用于制造或修复军用设备的关键金属零件。这些零件往往需要具备较高的耐用性和可靠性，EBF 能够满足这些要求，并提供快速的制造解决方案。

(3) 汽车领域。在汽车工业中，EBF 技术可以用于汽车零部件原型和功能性模型的快速制造，加速新车型的开发流程，并在生产前进行必要的测试和验证。此外，EBF 还可以用于制造轻量化的汽车零部件（如发动机部件和结构件），从而提高汽车的性能。

(4) 医疗领域。EBF 在医疗领域，尤其是在制造定制的医疗植入物方面具有潜力。例如，可以利用 EBF，根据患者的具体需求制造具有复杂几何形状的钛合金骨科植入物，以提高手术的成功率和患者的康复效果。

(5) 能源领域。EBF 可以用于制造风力发电机的大型部件，如叶片和塔架等。这些部件通常尺寸较大且需要具有良好的力学性能，EBF 能够提供高效、经济的制造方案。

(6) 科研和教育领域。EBF 在科研和教育领域可以用于制造教学模型、科研样品和实验设备，以帮助研究人员和学生更好地理解复杂的科学概念及设计原理，同时为新材料和新技术的研究提供实验平台。

4.3.4 电弧熔丝增材制造

1. 电弧熔丝增材制造的工作原理

WAAM 利用电弧将金属丝材熔化并逐层沉积成形，由"线—面—体"的路径逐层堆积，制造出接近产品形状和尺寸要求的三维金属坯件。利用 WAAM 成形的零件由全焊缝金属组成，成分均匀、致密性高，还可以通过埋弧焊进一步提高焊缝质量。与铸造和锻造相比，WAAM 成形件的致密度高、力学性能好、整体质量高，成形后辅以机械加工，可达到产品的使用要求。WAAM 是对发展较快的激光增材制造、电子束增材制造的有益补充。

WAAM 可以采用同轴送丝或旁轴送丝形式。WAAM 的工作原理如图 4.36 所示。

电弧熔丝增材制造

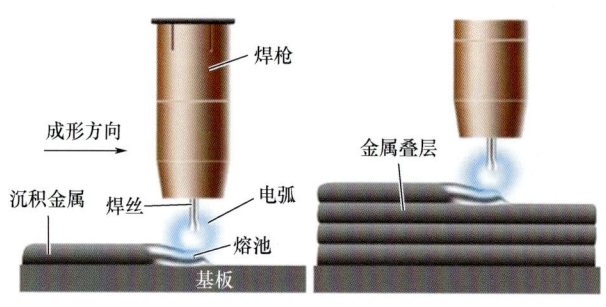

电弧熔丝增材制造-铣削增减材组合加工

图 4.36 WAAM 的工作原理

与其他金属增材制造工艺相比，WAAM 不需要大功率激光器、电子束发生器等昂贵设备，只需要常规的金属焊枪，结合多轴数控运动控制或者机械臂控制及相应的送丝机构即可实现大尺寸金属构件的增材制造及修复再制造。图 4.37 所示为 WAAM 生产现场，图 4.38 所示为利用 WAAM 生产的叶轮及部分机加工后的展示面。

金属埋弧焊增材制造

图 4.37 WAAM 生产现场

图 4.38 利用 WAAM 生产的叶轮及部分机加工后的展示面

WAAM 因具有设备成本低、易改装、沉积速率高、节约原材料、不受尺寸限制和易实时修复等优点而越来越受到研究人员的青睐。但 WAAM 的本质是一种基于电弧熔丝的堆焊技术，是一个多参数耦合作用的复杂过程，每层堆积高度不稳定，难以精确预测并控制焊缝的尺寸及形貌，需要在成形过程中通过二次表面机械加工控制精度。

2. 电弧熔丝增材制造的特点

(1) 材料利用率高。WAAM 在制造过程中材料损耗较少，与传统的铸造和锻造相比，能够更有效地利用金属材料。

(2) 沉积速率高。以电弧作为热源，WAAM 能够实现金属丝材的快速熔化和沉积，从而提高制造效率。

(3) 设备成本低。与其他金属增材制造工艺相比，WAAM 所需的设备成本较低，使其在成本敏感的应用场景中更具吸引力。

(4) 成形件质量高。利用 WAAM 制造的零件具有均匀的成分和高致密度，力学性能和整体质量优于铸件和锻件。

(5) 致密度高。由于 WAAM 成形件的致密度高，有利于提高零件的力学性能和耐久性。

(6) 适用于大尺寸构件。WAAM 特别适合制造大型和复杂的金属构件，这些构件采用传统制造工艺难以实现或成本过高。

(7) 有后处理要求。虽然利用 WAAM 能够制造出接近最终形状的零件，但通常需要进行机械加工来达到最终产品的使用要求。

(8) 面临工艺稳定性挑战。WAAM 在实际应用中需要解决工艺稳定性问题，以确保零件质量的一致性和可靠性。

(9) 需要过程监控和控制。为了提高 WAAM 的性能和质量，需要开发和集成先进的过程监控及控制系统，以实时调整工艺参数并优化沉积过程。

(10) 微观组织控制与性能优化。对 WAAM 的研究和开发，需要重点关注微观组织控制与性能优化，以提高成形件的力学性能和其他物理性能。

3. 电弧熔丝增材制造的应用

WAAM 在航空航天、船舶、汽车、能源、建筑、医疗、教育和研究等领域具有广泛的应用前景。

(1) 航空航天领域。在航空航天领域，WAAM 用于制造飞机和航天器的结构件、发动机部件等。这些部件通常需要具有轻量化、高强度、耐高温的特性，WAAM 能够满足这些要求，成形出接近最终形状的零件，减少后续加工，从而提高生产效率。

(2) 船舶领域。WAAM 在船舶制造中有重要应用，如制造大型船体结构件和推进器等。利用 WAAM 可以实现复杂形状的快速制造，提高材料利用率，并缩短制造周期。

(3) 汽车领域。在汽车工业中，WAAM 用于汽车零部件原型和功能性模型的快速制造，加速新车型的开发流程，并在生产前进行必要的测试和验证。

(4) 能源领域。WAAM 可以用于制造风力发电机的大型部件，如叶片和塔架等。这些部件通常尺寸较大且需要具有良好的力学性能，WAAM 能够提供高效、经济的制造方案。

(5) 建筑领域。在建筑行业，WAAM 可以用于制造大型钢结构件和复杂形状的建筑组件。利用 WAAM 可以实现大型构件的快速制造和现场组装，提高建筑效率并降低成本。

（6）医疗领域。尽管 WAAM 在医疗领域的应用较少，但其在制造定制化医疗植入物和外科手术导板方面具有潜力。WAAM 能够根据患者的具体需求定制零件，提高手术的成功率和患者的康复效果。

（7）教育和研究领域。在教育和研究领域，WAAM 可以用于制造教学模型、科研样品和实验设备，为研究人员提供了一个低成本、高效率的方式以实现他们的创意和研究想法。

4.3.5 等离子弧熔丝增材制造

1. 等离子弧熔丝增材制造的工作原理

WPAAM 的原理是以等离子弧为热源，以丝材为原材料，扫描由软件分层得到的零件成形路径，在基板上形成移动的熔池，将外部填充的金属丝材熔化成金属熔滴并不断送入熔池，通过在成形路径上逐点逐道逐层累积金属材料，实现零件的快速、高效、高性能成形。WPAAM 的工作原理如图 4.39 所示。

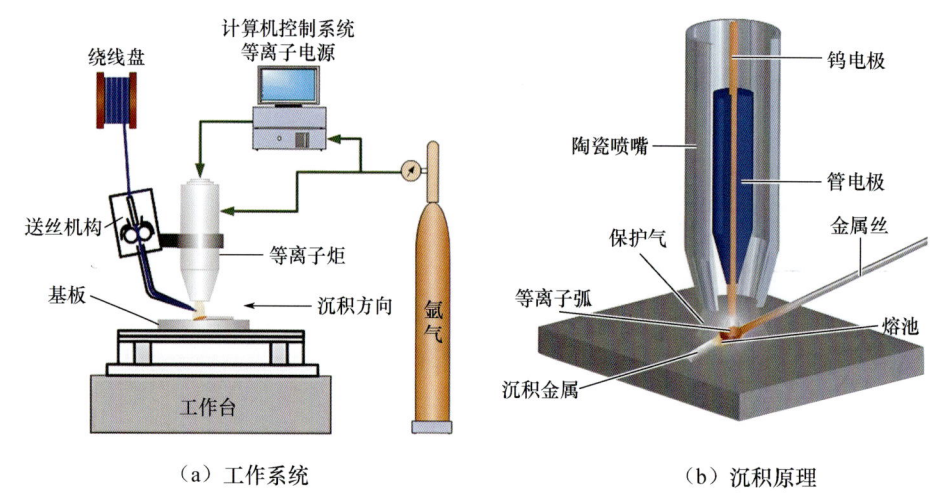

图 4.39　WPAAM 的工作原理

2. 等离子弧熔丝增材制造的特点

与传统锻造、机械加工等相比，WPAAM 具有以下优势。

（1）材料利用率高。在 WPAAM 成形过程中，丝材的利用率超过 99%。

（2）增材效率高。钛合金成形效率为 3kg/h，与传统制造工艺相比，减少近 75% 的加工时间。

（3）性能可靠。钛合金的等离子弧熔丝沉积成形零件已应用在空客 A350 客机、波音 787 客机上。

（4）性价比高。WPAAM 的材料、设备、能耗成本低，与传统制造工艺相比，节约近 70% 的成本。

当然，WPAAM 存在侧向送丝机构万向送丝旋转、等离子电源和等离子炬需进一步改造(以更好地同步熔丝及熔化母材)及成形高度精确控制等问题。

3. 等离子弧熔丝增材制造的应用

WPAAM 已成功应用于商业航空航天领域,实现了在航空航天(包括军机)方面的批量零部件供应,如供给波音公司、空客公司及洛克希德·马丁公司(战机)等。图 4.40 所示为利用 WPAAM 成形的零件。

(a) 无人机发动机用TC4钛合金上梁架　　　　(b) 钛合金半球壳体

图 4.40　利用 WPAAM 成形的零件

4.4　薄 材 叠 层

薄材叠层是将薄层材料逐层结合以形成实体的增材制造工艺。对于金属材料的薄材叠层而言,目前主要有超声波增材制造和搅拌摩擦增材制造。

4.4.1　超声波增材制造

1. 超声波增材制造的工作原理

UAM 主要用于为机器设备上的传感器打造金属保护壳。UAM 是由一家工业级三维打印机生产商——Fabrisonic 提出并推广的。它的独特之处在于将超声波焊接与数控加工结合起来。UAM 的生产过程如下:首先,将频率为 2×10^4 Hz 的超声波施加在金属箔片上,在连续的超声波振动压力下,两层金属箔片之间产生高频率的摩擦,在摩擦过程中,金属表面覆盖的氧化物和污染物被剥离,露出下面的纯金属;接着,利用超声波的能量辐射(或外部加热)将较纯净的金属材料软化填充到已完成焊接的金属箔片表面,在此过程中,两层金属箔片的分子相互渗透融合,进一步提高焊接面的强度;然后,以同样的原理逐层连续焊接金属箔片,并同时通过机械加工实现精细的三维形状;最后,形成坚实的金属物体。UAM 的工作原理如图 4.41 所示。

UAM 主要使用超声波熔融金属片,从而完成增材制造。UAM 能够实现真正冶金学意义上的黏合,并可以使用不同金属材料(如铝、铜、不锈钢和钛等)。UAM 可以同时"打印"多种金属材料,而且不会产生不必要的冶金变化。UAM 能够使用成卷的铝质或铜质金属箔片制造出带有高度复杂内部通道的金属部件。**低温是 UAM 的最大技术优势**,整个生产过程的初始温度是 150℃,在焊接过程中摩擦和塑性变形产生的热量可使局部温度达到 200℃ 左右,而其他增材制造工艺通常需要将金属加热至熔点。因此,UAM 可将多种金属材料连接在一起,还可以将传感器、合金纤维等对温度敏感的低熔点材料或电子器件嵌入其中。图 4.42 所示为 UAM 生产过程。图 4.43 所示为多材料复合活塞零件,这款活塞的底座采用铜和不锈钢材料,利用 UAM 成形,顶部采用激光粉末床熔合技术构建更复杂的形状。

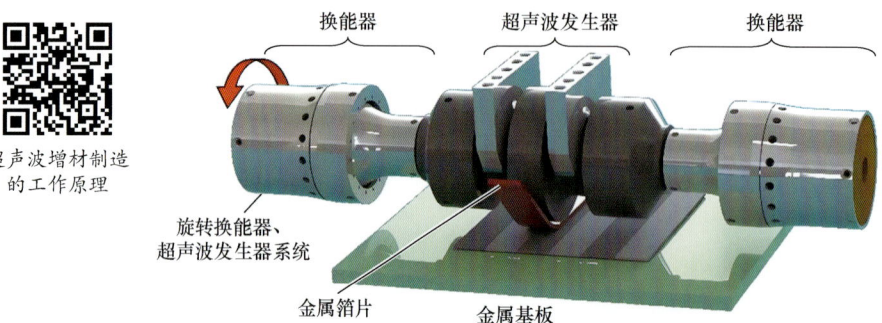

图 4.41 UAM 的工作原理

图 4.42 UAM 生产过程

图 4.43 多材料复合活塞零件

结合增材、减材处理,利用 UAM 可以制造出深槽、中空、栅格状或蜂窝状内部结构,以及其他复杂的几何形状,这些结构和形状无法使用传统减材制造工艺完成。另外,因为采用的是超声波焊接,没有进行常规加热焊接,所以可以将导线、带、箔和所谓的"智能材料"(如传感器、电子电路和致动器等)完全嵌入密实的金属结构,且不会导致任何损坏。

2. 超声波增材制造的特点

(1) 可进行快速的金属增材制造。

(2) 固态焊接可以实现多种金属的接合、包层,形成金属基复合材料,构成"智能"结构或反应式结构。

(3) 属于低温工艺,可以实现电子嵌入防篡改结构,还可以实现非破坏性、完全封装的光纤嵌入。

(4) 可成形复杂的几何形状。

由于 UAM 在增材制造每一层的同时要进行数控加工,因此与其他增材制造工艺相比,它不能加工结构过于复杂的零件,适用零件有一定的局限性。

3. 超声波增材制造的应用

UAM 主要应用于航空航天、汽车、能源等领域。

(1) 航空航天领域。UAM 可以用于制造飞机和航天器的结构件、发动机部件等。这些部件通常需要具有轻量化、高强度、耐高温的特性，UAM 能够满足这些要求。

(2) 汽车领域。UAM 可以用于汽车零部件原型和功能性模型的快速制造，加速新车型的开发流程。

(3) 能源领域。UAM 可以用于制造风力发电机的大型部件，如叶片和塔架等。这些部件通常尺寸较大且需要具有良好的力学性能，UAM 能够提供高效、经济的制造方案。

此外，UAM 还可以用于制造 金属基复合材料（metal matrix composites，MMCs），通过将不同的金属层或金属层与非金属层结合，制造出具有特殊性能的复合材料结构。

4.4.2 搅拌摩擦增材制造

1. 搅拌摩擦增材制造的工作原理

搅拌摩擦增材制造（friction stir additive manufacturing，FSAM）基于搅拌摩擦焊的原理，通过搅拌头的摩擦热和材料的塑性变形，使增材材料和基体材料一起达到半固态状态，并在搅拌头的压力和反复搅拌下形成焊接组织，然后随搅拌头的运动形成逐层堆积结构，将三维复杂形状构件制造转化为简单的二维平面的逐层往复叠加，最终实现增材制造。

FSAM 是基于高摩擦热与机械搅拌耦合作用下材料经大塑性变形实现的非熔凝成形，成形区域的峰值温度通常为熔点温度的 50%~90%，在强烈的塑性变形过程中，材料进行了动态再结晶和动态回复。与高能束成形工艺的柱状晶组织形貌不同，FSAM 成形件的组织为晶粒细小的锻造等轴晶组织。由于 FSAM 为非熔化增材制造，成形件不会形成与快速凝固相关的缺陷，如孔隙、热裂纹、元素偏析、稀释、微细分散氧化物聚集及高残余应力。

根据原材料添加方式的不同，FSAM 可分为同轴送料式 FSAM、预置料式 FSAM 等。

(1) 同轴送料式 FSAM。

如图 4.44 所示，填充材料被挤压至搅拌工具（空心旋转工具）和基板之间，在搅拌工具轴肩—材料和材料—基体（或新层—旧层）界面处摩擦生热并软化材料，在搅拌工具强力下压和高速旋转剪切的作用下，成形材料及基体表层产生超塑性变形，界面熔合形成冶金结合，搅拌工具在平面内连续移动形成沉积道。同轴送料式 FSAM 生产现场如图 4.45 所示。

(2) 预置料式 FSAM。

如图 4.46 所示，先在基板上铺设一层板材或者粉末，采用传统搅拌摩擦焊接设备执行类似焊接操作，将预置料与基板熔合成沉积道，层层堆叠成结构件。与同轴送料式 FSAM 相比，预置料式 FSAM 设备简单，但工艺流程烦琐、材料利用率低。

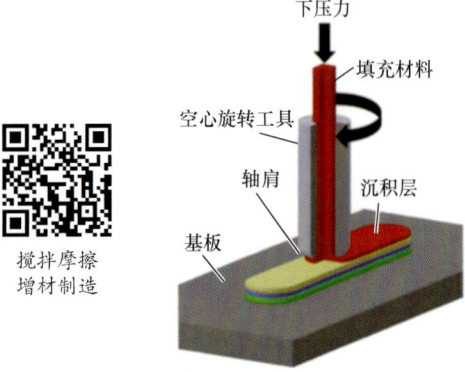

图 4.44　同轴送料式 FSAM 的工作原理　　　图 4.45　同轴送料式 FSAM 生产现场

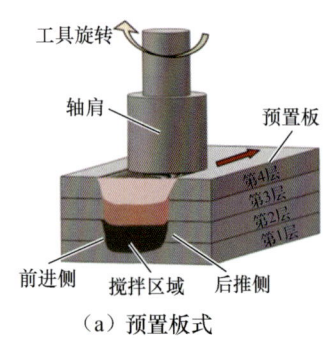
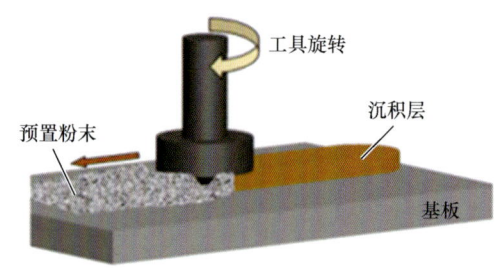

（a）预置板式　　　　　　　　　　（b）预置粉末式

图 4.46　预置料式 FSAM 的工作原理

（3）其他 FSAM。

由搅拌摩擦焊技术衍生的搅拌摩擦覆层技术可用于增材制造，如将搅拌摩擦与冷喷涂、热喷涂、电沉积等工艺复合用于制备性能优良的涂层材料，甚至成形结构件。高速旋转的搅拌工具可以提高涂层材料的致密度和结合强度，使成形件成分均匀，晶粒细化，机械强度大幅度提升。图 4.47 所示为冷喷涂复合 FSAM 的工作原理。

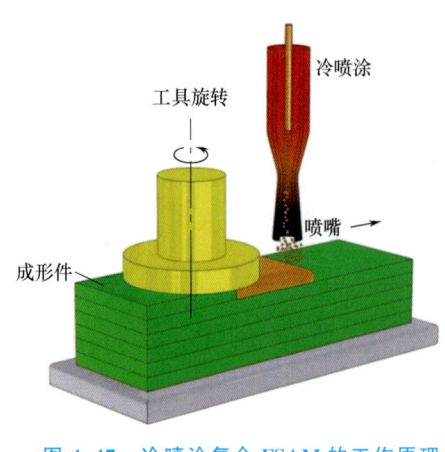

图 4.47　冷喷涂复合 FSAM 的工作原理

2. 搅拌摩擦增材制造的特点

作为固态成形工艺，FSAM 为不可焊合金的增材制造提供了途径，其主要特点如下。

（1）可制造更大尺寸的零部件。FSAM 无须粉末床、沉积腔、真空室，在空气中即可生产，采用独特的开放式操作，设备类似于数控加工中心，可按需制造大型零部件。

（2）零部件性能更好，固态成形件具有类似锻件的显微组织。

（3）适用材料范围广，原料形态灵活。

（4）沉积速度快。

（5）成形温度低，熔覆层沉积的温度通常为

100~500℃，如铝合金涂层的沉积温度通常低于400℃。

3. 搅拌摩擦增材制造的应用

FSAM 在轻质大型结构件增材制造、特征结构添加、梯度功能材料与涂层制备、缺陷损伤修复及新型复合材料制备等方面具有广阔的应用前景。

利用同轴送料式 FSAM 可直接成形图 4.48 所示的直径 φ3050mm 的铝合金框环。FSAM 可用于在铜基体上成形 Cu-Ta 梯度功能材料，如图 4.49 所示，经弯曲测试不会产生剥离。此外，相较于熔化焊接修复易产生热裂纹、气孔等缺陷，FSAM 可以实现快速填充且几乎没有缺陷。因 FSAM 可以实现不同成分粉末材料的混合，且成形件化学成分均匀，故 FSAM 可用于制备新材料。

为了推广 FSAM，使其获得更广泛的应用，应在搅拌工具设计、自支撑成形工艺提升及专用成形工艺软件开发等方面进一步开展相关研究。

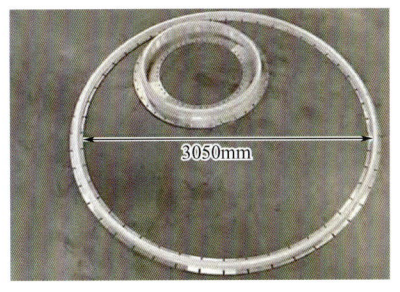

图 4.48　直径 φ3050mm 的铝合金框环

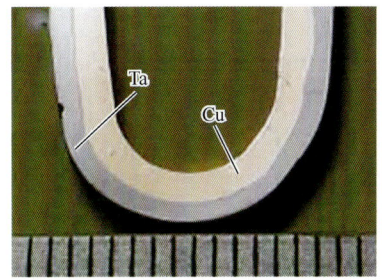

图 4.49　Cu-Ta 梯度功能材料

4.5　喷墨液态金属增材制造

喷墨液态金属增材制造是一种利用喷墨技术将液态金属或含金属颗粒的油墨逐层沉积构建三维实体的增材制造工艺。

4.5.1　纳米颗粒喷射

1. 纳米颗粒喷射的工作原理

NPJ 通过喷射含有悬浮金属（或陶瓷纳米颗粒）的液体构建零件及支撑结构。NPJ 由以色列 XJet 公司开发，并拥有该技术和配套材料的专利。NPJ 以喷墨的方式沉积成形，成形速度快，成形件具有较高的精度和表面粗糙度。

纳米颗粒喷射

NPJ 的工作原理如图 4.50 所示。首先，金属（或陶瓷）材料被制作成纳米尺寸、形状不规则的颗粒，将这些颗粒与特殊黏合墨水混合，颗粒不会在其中溶解，而是均匀悬浮分布，形成悬浮液。悬浮液通过喷嘴，以超小层厚（约 10.5μm）喷射数千个金属（或陶瓷）纳米颗粒液滴来生产零件。这些纳米颗粒的尺寸和形状各不相同，并随机分布在需构建的区域上，以实现自然、高密度的堆积。受控的喷嘴阵列可以选择性地将成形材料或支撑材料精确喷射在基板的不同位置，实现零件每一层片的堆积。

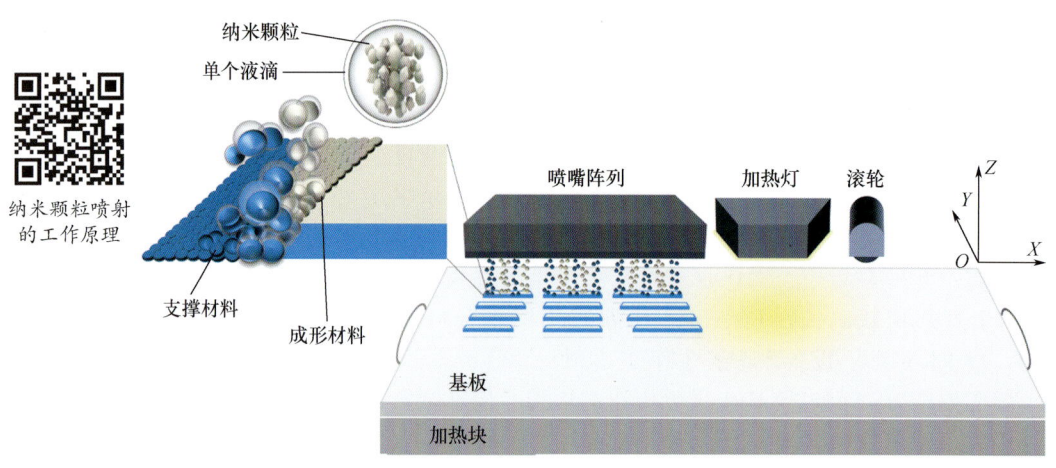

图 4.50 NPJ 的工作原理

在喷出之前，成形材料悬浮在液体中，一旦喷出进入成形仓，仓内的高温（300℃）就使液体蒸发，颗粒同时在不同方向上黏附在一起，形成致密的薄层，并使用滚轮压平，如此反复叠加，构成所需形状的三维实体。同时，可溶性的支撑材料以相同的方式制作成悬浮液并沉积，后续通过水浴去除。制成的生坯件中只留下成形材料、支撑材料和少量黏合剂。

后续可以对生坯件进行去除支撑结构、机械加工、抛光等处理，最后，通过烧结去除残余的黏结剂，并留下最终的金属（或陶瓷）部件。

2. 纳米颗粒喷射的特点

NPJ 技术是一种新型、创新的无粉纳米颗粒喷墨技术，安全且易使用，可用于生产表面光滑的高精度零件。NPJ 具有如下特点。

(1) 成形精度高、质量好。NPJ 能够一次制造许多小零件。材料喷射过程甚至可以逐滴控制。对于小型零件，成形精度可控制在 $\pm 25\mu m$ 以内；对于较大的零件，成形精度可控制在 $\pm 50\mu m$ 以内。最小特征尺寸为 $100\mu m$，最小层厚可达到 $8\mu m$，可呈现相当精细的细节，成形零件的台阶效应极小，并且去除支撑结构时不会损坏零件表面，成形件表面质量非常高。由于 NPJ 使用纳米级颗粒，经过烧结后，成形件致密度很高（可达 99.5%），质量优异。

(2) 成形过程绿色、安全。NPJ 使用 XJet 公司销售的悬浮液材料成品，成形材料与支撑材料分别被封装在密封盒中，无须进行筛粉、回收等操作，避免了粉末材料存在的健康危害与加工风险；并且可以在空气环境中使用该材料成形，无须保护气体、真空或压力，可以轻松回收，对环境友好。

(3) 设计自由、工艺流程简单。由于采用可溶性支撑材料，因此 NPJ 成形零件时无须考虑复杂内腔中支撑结构的去除问题，并且去除工艺简单，能够实现自动化加工，无须脱脂工序，可以直接烧结。

(4) 零件存在收缩。NPJ 生坯件后续需进行烧结处理，以去除残余黏结剂，在烧结过程中零件会发生结构收缩，金属件的线性和各向同性收缩率约为 13%（陶瓷件每个方向上的收缩率为 17.8%）。

(5) 可用材料受限。由于 NPJ 是全新的技术手段，因此很多材料尚未开发适配，目前只有 XJet 公司出售的几种成品材料可供使用。

（6）成形成本高。由于 NPJ 尚处于开发阶段，未得到广泛运用，还远未形成规模效应，相关专利均被 XJet 公司掌握且受到保护，所有的耗材与设备均只能从该公司购入。

NPJ 作为目前先进的增材制造工艺，凭借其高精度成形、无粉末成形、工艺流程简单等特点，在科研与产业上备受瞩目；但也因其技术新颖，很多方面亟待开发，产业运用需要进一步推进，目前运用成本高昂，故应用领域受限。

3. NPJ 设备与应用

NPJ 作为由 XJet 公司独家开发并受保护的工艺，目前只有其一家制造商开发此技术并提供设备与服务。图 4.51 所示 XJet 公司设备及其生产的金属件及陶瓷件。

纳米颗粒喷射生产零件的过程

（a）设备　　　　　　　　（b）金属件　　　　　　　　（c）陶瓷件

图 4.51　XJet 公司设备及其生产的金属件及陶瓷件

NPJ 在制造业有巨大的应用前景，包括消费品、珠宝服饰、航空航天、汽车、化工等领域；在牙科中可以用于制造种植体、牙冠与牙套及手术用器械。

4.5.2　金属浆料沉积

金属浆料沉积（metal paste deposition，MPD） 又称水基浆料挤出，与熔融沉积成形原理相似，通过挤出含有金属粉末的浆料并固化以完成零件成形，都是基于材料挤出的增材制造工艺，不同的是 MPD 是在室温下以线形方式挤出糊状的材料。MPD 在 2016 年前后得到开发，于 2020 年前后推出相关制造设备。

1. 金属浆料沉积的工作原理

MPD 的工作原理如图 4.52 所示。金属或者陶瓷材料被预制成粉末，并混合在水基浆料中。与 FDM 类似，喷嘴在扫描机构的带动下沿层面模型规定的路径扫描、挤出、堆积成形材料（金属浆料）。一层扫描完毕，成形平台下降或者喷嘴升高一个层厚的距离，开始新一层的成形。依次逐层成形，直至完成整个零件的成形。MPD 生产现场如图 4.53 所示。

MPD 的典型特征是浆料被挤出后水分蒸发，通过其中极少量的黏结剂将材料堆积固化，层与层之间也靠黏结剂黏结。与 DIW 相比，MPD 的浆料为水基而非聚合物基，在浆料中 90%（质量分数）为金属粉末，10% 为水和少量的黏结剂。由于浆料中的水分蒸发，成形的生坯件中仅含有约 1% 的黏结剂，因此生坯件无须进行脱脂，只需进行一次烧结即可完成零件的制造。

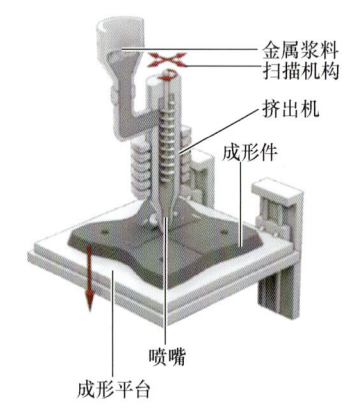
图 4.52 MPD 的工作原理

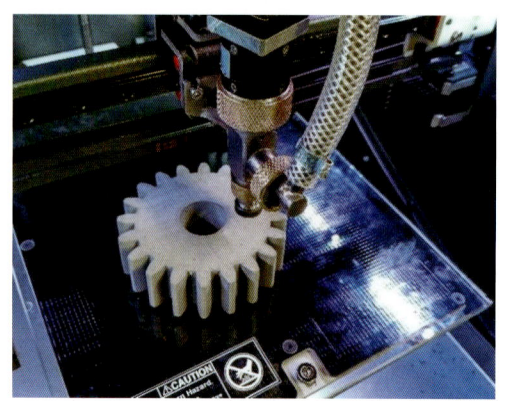
图 4.53 MPD 生产现场

2. 金属浆料沉积的特点

MPD 技术是一种多功能且低成本的增材制造技术,是金属增材制造解决方案中安全、易用的技术。由于生坯件成形过程无须粉末、高温热源及保护气体,因此 MPD 适合几乎所有办公室或车间环境,生产成本低廉。与其他金属增材制造工艺相比,MPD 具有如下特点。

(1) 设备简单,成形过程高效、便捷。由于 MPD 受 FDM 启发,因此其成形设备比其他金属成形设备简易,而且其成形原理为金属浆料挤出成形,单位时间沉积(固化)的材料量更多,成形效率更高。浆料中的水分随成形过程蒸发,在生坯件中金属质量占比高达 99%。与 DIW 相比,MPD 无须复杂的脱脂工序,直接烧结即可成形。

(2) 成形过程绿色、安全。由于 MPD 一般使用预制的含金属的水基浆料成品,因此无须进行筛粉、回收等操作,避免了粉末材料存在的健康危害与加工风险。并且浆料可以在空气环境中成形,无须保护气体、真空或压力,可以轻松回收,对环境友好。在生坯件成形过程中不存在高温热源,安全性较高。

(3) 可用材料多样。挤出机系统可使用的材料广泛,包括钢、铜、镍、钛、铝、高温合金、贵金属等金属;氮化硅陶瓷、氧化铝陶瓷、氧化锆陶瓷等;WC 基金属陶瓷、金属基金刚石等复合材料。

(4) 零件存在收缩。需对 MPD 成形的生坯件进行烧结,以去除残余黏结剂。在烧结过程中,零件发生结构收缩,完全固化零件的最终烧结的收缩率为 9%~11%。

(5) 表面质量和精度差。受限于挤出原理,MPD 成形过程中线宽较大,成形的生坯件表面质量和精度较差,且层纹明显,一般需要进一步处理。

(6) 零件尺寸受限。烧结工序限制了 MPD 最大成形件的尺寸。当成形件尺寸过大时,往往会在烧结过程中产生裂纹,一般将成形尺寸限制在 200mm×240mm×150mm 以内。

MPD 作为金属增材制造技术的有效补充,使低成本、低门槛的金属增材制造成为可能,极大地扩大了金属增材制造的用户范围,使更多学者、技术工作者及相关爱好者可以便捷地成形金属或其他难加工材料;但是 MPD 牺牲了成形精度和表面质量,制件的应用范围有限,并且烧结工序影响了成形的便捷程度。

目前，使用水基浆料挤出技术生产成形设备的制造商数量有限，主流制造商有 Rapidia 公司（加拿大）、Metallic 3D 公司（美国）和 Mantle 公司（美国）。Rapidia 公司的 MPD 成形设备及其成形的金属零件如图 4.54 所示。

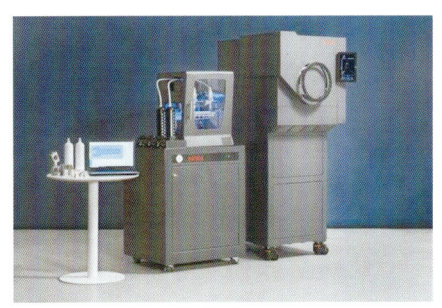
（a）Rapidia公司的MPD成形设备

（b）成形的金属零件

图 4.54　Rapidia 公司的 MPD 成形设备及其成形的金属零件

4.5.3　金属微滴喷射

金属微滴喷射技术是由美国 ORME 公司在 1993 年提出并发展起来的一种增材制造技术，目前业内还没有统一的英文名称。

1. 金属微滴喷射的工作原理

金属微滴喷射是基于"离散—叠加"的成形原理，通过液滴喷射器产生均匀金属微滴，同时控制三维基板运动，使金属微滴精确沉积在特定位置并相互融合、凝固，逐点逐层堆积，从而实现复杂三维结构的成形。金属微滴喷射的工作原理如图 4.55 所示。

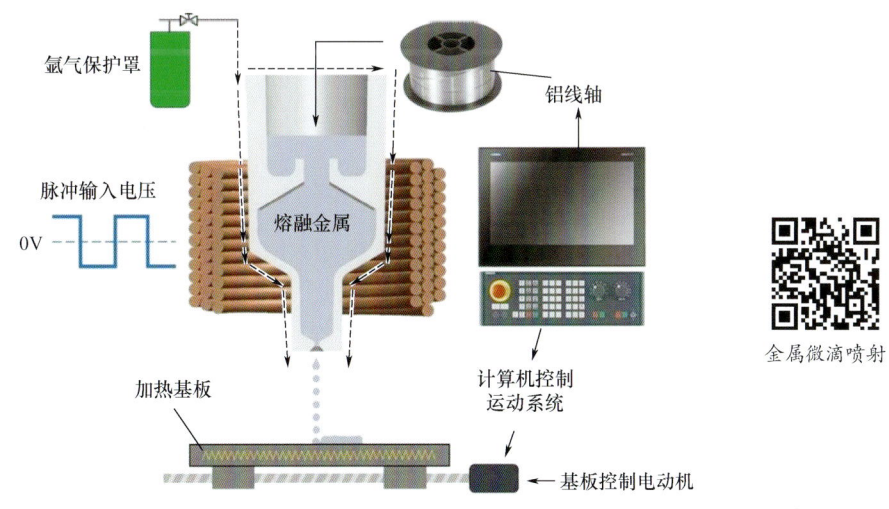

图 4.55　金属微滴喷射的工作原理

根据均匀金属液滴产生原理和控制方式的不同，金属微滴喷射可分为连续式喷射和按需式喷射两大类。采用 4043 铝合金微滴喷射成形的零件及经加工后的零件如图 4.56 所示。

图 4.56 采用 4043 铝合金微滴喷射成形的零件及经加工后的零件

2. 金属微滴喷射的特点

金属微滴喷射的应用虽少，但其在优势领域方面（如微电子封装、微电子机械制造、材料成形等）有广阔的应用前景。与其他增材制造工艺相比，金属微滴喷射具有以下特点。

（1）设备成本低。金属微滴喷射设备主要由感应加热器、金属液滴发生器、运动平台等组成。由于它不需要高能量密度和昂贵的热源（如高能量密度激光或电子束），因此能以非常低的设备成本和运营成本实现基于液滴的增材制造。

（2）原材料选择广泛，无须特殊加工。由于金属微滴喷射不需要精细的金属粉末，因此其使用材料广泛且价格低廉，市场上销售的金属块或铸锭都可以直接在坩埚中熔化后使用。

（3）微观结构均匀。由于金属液滴的尺寸均匀，金属液滴经历相似的冷却和凝固过程，沉积液滴具有相似的微观结构。因此，使用基于均匀液滴的金属微滴喷射可以很容易地成形具有均匀内部结构的零件。

（4）能够制造由多种材料组成的异质零件。根据零件的要求，可使用不同材料的液滴沉积来成形异质零件。

（5）易成形微型零件或薄壁零件。金属液滴的直径可以达到微米级。按需喷射微米液滴可以制造尺寸为亚厘米级的小零件或薄壁结构。

（6）设计限制。受金属微滴喷射工艺特性的影响，部分复杂结构的设计受到限制，如悬空结构、过度悬臂或小的细节可能无法完全实现。

（7）对制造过程中的环境要求高。金属微滴喷射需要在受控的环境（包括高温、低氧或惰性气氛等）中进行。这些环境要求增加了生产过程的复杂性，提高了成本。

基于均匀金属微滴喷射的增材制造技术具有喷射材料范围广、无约束自由成形和无须昂贵专用设备等优点，是一种极具发展潜力的增材制造技术。目前，该技术用于制造电子电路、异质材料和零件、结构功能集成零件等。

4.6 冷喷涂增材制造

1. 冷喷涂增材制造的工作原理

冷喷涂是一种低温固态沉积工艺，其原理是将一定温度的压缩气体注入拉瓦尔喷嘴形成超音速喷涂气流,进而通过气动力将送入喷涂气流的粉末颗粒加速,使其高速撞击基材产生剧烈的塑性变形,然后沉积形成薄涂层或块体沉积物。冷喷涂沉积物的形成主要依靠撞击前的颗粒动能而非热能,因此在整个沉积过程中,冷喷涂颗粒始终保持固态并与基材形成固相连接,从而实现固态沉积。颗粒固化主要通过机械咬合和颗粒间界面的局部冶金结合实现。常见冷喷涂系统如图4.57所示,主要由高压气源及管路、压力调节器、流量控制器、气体加热器、送粉器、喷枪、工业机器人及其他辅助装置等构成。因冷喷涂技术具有沉积厚度不受限制、制造效率高等特点,故逐渐发展为一种快速增材制造技术——冷喷涂增材制造(cold spray additive manufacturing,CSAM)技术。CSAM与其他基于热源的增材制造工艺不同,因其具有"低温"特性,故金属材料在喷涂过程中受到的热影响较小,能够避免材料出现氧化、相变或晶化等问题,并且CSAM制备的沉积体孔隙率极低,部分材料沉积体性能可与同材料块材媲美。CSAM还具有生产时间较短、产品尺寸不受限制、灵活性较高等优点。CSAM可用于独立金属零部件的快速制造,以及损坏金属零部件的二次修复。随着冷喷涂技术的发展,CSAM技术已成为极具潜力的现代快速增材制造技术。CSAM成形件如图4.58所示。利用CSAM生产的火箭发动机双金属部件如图4.59所示。

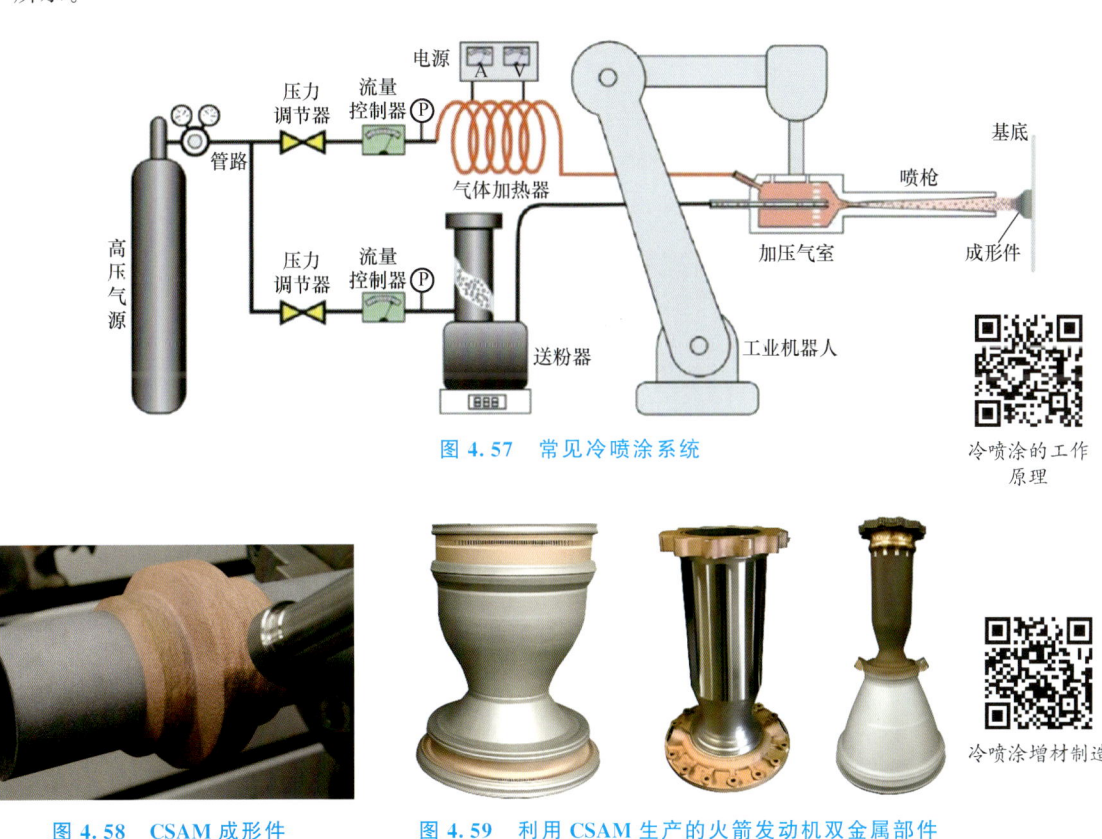

图 4.57 常见冷喷涂系统

冷喷涂的工作原理

图 4.58 CSAM 成形件　　图 4.59 利用 CSAM 生产的火箭发动机双金属部件

冷喷涂增材制造

虽然CSAM具有许多优势,但是其成形件存在表面质量较差、精度低等缺点,而且在持续喷涂较厚的涂层时,残余应力可能导致涂层变形,甚至从基体上脱落。

2. 冷喷涂增材制造的特点

（1）增材效率高，成本低。与其他金属增材制造工艺相比，CSAM 的突出特点是增材效率高，单位体积制造成本较低。其单位时间增材效率可以达到 10kg/h 以上。

（2）成形尺寸不受限制。CSAM 的增材过程特征表现为"由内至外"的沉积成形，不完全等同于大部分增材工艺中典型的切片式逐层成形，故理论上最终成形的产品尺寸不受限制，更易完成大尺寸产品的增材成形及大尺寸结构件的增材修复或再制造。

（3）成形精度低。CSAM 依靠超音速气流带动粉末加速的工艺机制使粉末颗粒在加速中速度呈非均匀的类高斯分布，因颗粒速度分布不均匀，故沉积产生边缘倾斜，并随着沉积体厚度增大而最终形成边角缺陷，导致 CSAM 产品的尺寸精度和形状精度降低。

（4）综合机械性能较差。由于沉积体与基体及颗粒界面是以机械咬合为主的结合，因此 CSAM 产品在初始状态下的综合机械性能较差，并且喷涂沉积的成形特点导致沉积体力学性能存在各向异性。

（5）适用材料广。由于 CSAM 的固态沉积结合需要粉末产生一定的塑性变形，因而除高强度材料外，CSAM 拥有较广的原材料适用范围。

3. 冷喷涂增材制造的应用

（1）旋转增材成形。

CSAM 对管壁、轴面、旋转靶材等轴类基体有良好的工艺适用性，预设冷喷涂喷枪的移动速度和轨迹，同时联动外部旋转轴使基体做匀速或变速旋转运动，可在旋转结构上实现快速增材制造。冷喷涂旋转增材成形零件如图 4.60 所示。

（a）内环零件　　　　　　　　（b）外环零件

图 4.60　冷喷涂旋转增材成形零件

（2）自由增材成形。

区别于冷喷涂旋转增材成形，非轴对称的冷喷涂增材成形主要针对复杂结构件的自由成形制造。冷喷涂自由增材成形是将增材材料逐层沉积在基体上，完成结构成形后与基体切割分离，以获取初始成形件，再结合减材制造工艺优化结构、尺寸，最终完成复杂结构的成形制造。复杂结构的成形制造对 CSAM 拓宽应用领域有重要意义，同样也是 CSAM 在现阶段的应用难点。冷喷涂自由增材成形的产品及加工后的零件如图 4.61 所示。

（3）修复和再制造。

功能部件在长时间工作后因腐蚀、磨损、疲劳等会局部损坏，CSAM 作为经济且高效

 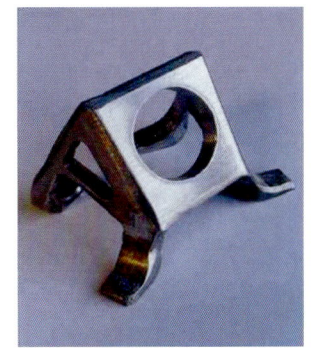

(a) 成形的产品　　　　　　　(b) 加工后的零件

图 4.61　冷喷涂自由增材成形的产品及加工后的零件

的修复技术，在损坏件的修复应用中拥有广阔的应用前景。CSAM 能够快速修复损坏的功能部件，从而延长其使用寿命。图 4.62 所示为损坏的部件及采用 CSAM 修复后的效果。

(a) 损坏的部件　　　　　　(b) 采用 CSAM 修复后的效果

图 4.62　损坏的部件及采用 CSAM 修复后的效果

4.7　其他金属增材制造工艺

4.7.1　金属熔融沉积成形

金属熔融沉积成形与 FDM 的工作原理相同，只是把金属粉末与黏结材料充分混合，拉制成线材（金属丝），同样通过喷嘴加热熔化，在计算机的控制下，喷嘴根据三维模型的数据移动到指定位置，喷出熔融态的金属材料并使其凝固，材料逐层堆积直至形成最终的成品。金属熔融沉积成形的工作原理及生产现场如图 4.63 所示。

金属熔融沉积成形过程如下。

（1）拉丝。把金属粉末（如不锈钢）与黏结材料（通常是某种聚合物，如树脂）充分混合，拉制成为线材。

（2）成形。利用 FDM 设备的喷嘴高温（300℃以上）熔化线材，熔融态物质从喷嘴喷

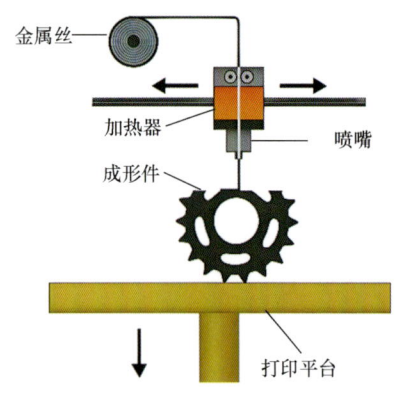 

（a）金属熔融沉积成形的工作原理　　　　　　（b）生产现场

图 4.63　金属熔融沉积成形的工作原理及生产现场

出，层层叠加成形，形成初步的金属制件。利用金属熔融沉积成形生产的零件如图 4.64 所示。

金属熔融沉积成形

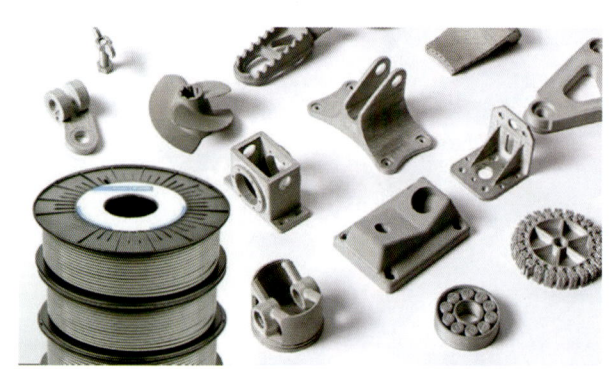

图 4.64　利用金属熔融沉积成形生产的零件

（3）脱脂。对金属制件加热进行脱脂处理，蒸发掉大部分黏结材料，脱脂后的制件内有一些残留的黏结材料，此时制件的体积减小。

（4）烧结。高温（如 1300℃）烧结去除剩余黏结材料，制件体积进一步减小并形成最终的金属零件。烧结得到的金属零件和成形的初步金属制件相比，有较大的体积收缩量。

与传统金属增材制造工艺相比，金属熔融沉积成形的成本较低，对企业有很大的吸引力。

4.7.2　液态金属印刷

1. 液态金属印刷的工作原理

液态金属印刷（liquid metal printing，LMP） 在概念上类似于自由形状铸造，能够将大量金属熔化，使其沿着预定的路径快速沉积，以产生三维形状。LMP 技术是一种快速金属增材制造技术，且是一种全新的增材制造技术，最早由美国麻省理工学院的研究人员在 2023 年 ACADIA（国际计算机辅助建筑设计协会）会议中展示。与传统的金属增材制造工艺相比，LMP 采用类似浇注的材料输送方法，牺牲了制造精度而大幅度提高了成形效率，使金属增材制造覆盖范围从小、慢、精细分辨率的组件迈向大、快、中分辨率的结构构件。

LMP 的工作原理及金属材料加热熔化现场如图 4.65 所示。固态金属材料被放在坩埚中迅速加热而进入熔融状态。在重力驱动下，坩埚中的熔融金属流出喷嘴尖端，从而在颗粒状介质的床层中成形金属构件。颗粒状介质为直径 $\phi 100\mu m$ 的玻璃珠，在整个成形过程中充当熔融材料的悬浮支撑，还配有用于控制喷嘴流量的塞杆。不同于其他增材制造工艺逐层累加的路径规划原则，LMP 的路径规划原则为三维空间中的连续路径，无须逐层成形。

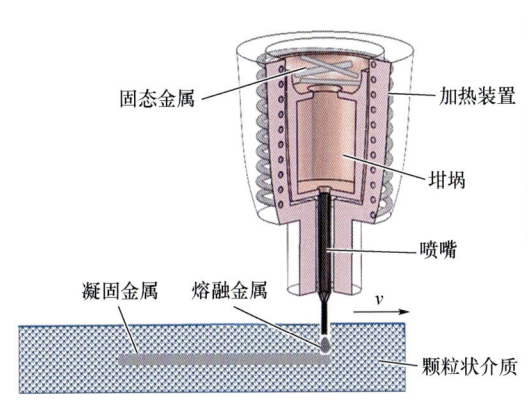 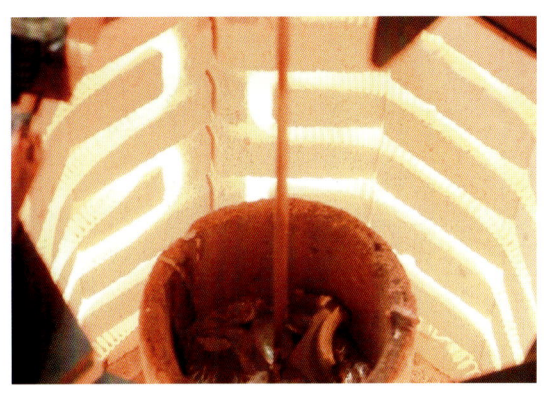

（a）LMP的工作原理　　　　　　　　　（b）金属材料加热熔化现场

图 4.65　LMP 的工作原理及金属材料加热熔化现场

液态金属印刷

2. 液态金属印刷的特点

LMP 因其与众不同的成形原理，具有以下鲜明特点。

（1）设备成本低。LMP 设备仅包括坩埚及其温度控制系统、流量可调的氧化锆喷嘴、运动控制系统、成形床等，而且它不需要高能量密度的激光或电子束、保护氛围等昂贵设备，可以实现较低的设备成本和运营成本。

（2）均匀的微观结构。由于成形过程中材料不经历重熔的过程，只经历一次热循环，熔融材料还有玻璃微珠支撑，因此材料沉积快，产生的氧化夹杂物少，避免了结构的翘曲开裂。

（3）成形效率高和成形尺寸大。由于 LMP 的成形特点，流出成形的材料更多，成形速度最高为每小时几十千克。因此 LMP 的成形尺寸更大，可以在建筑、施工等领域运用，目前已经制造的产品最大尺寸为米级。

（4）技术绿色、环保。LMP 成形过程不涉及金属粉末，而且材料来源是废弃铝材，故成形过程绿色、安全、环保。

（5）原材料受限，需要后续处理。因为 LMP 开发时间短，所以目前只适配铝合金材料。并且产品表面质量差，需要机械加工等减材加工手段进行后续处理。

（6）成形精度差。由于 LMP 单次成形的材料体积很大，因此成形结构分辨率低，产品表面质量差，肉眼可见误差。

LMP 技术特点鲜明,是增材制造技术的有效扩展,其尚处于实验室原型开发阶段,还需要进一步开发。目前,LMP 被用于制造简易家具,如桌子、椅子等。图 4.66 所示为利用 LMP 生产的椅子。

图 4.66　利用 LMP 生产的椅子

4.7.3　电化学增材微细制造

1. 电化学增材微细制造的工作原理

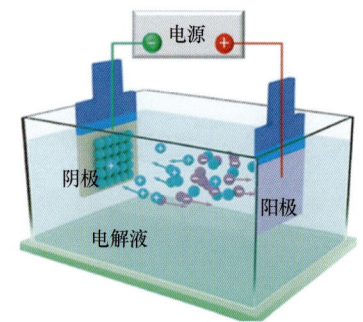

图 4.67　电化学增材微细制造的工作原理

电化学增材微细制造(additive electrochemical micro-manufacturing)通过电化学反应,将电解液中的金属阳离子还原为金属原子,并沉积在阴极表面,是一种典型的以逐层堆积方式成形的增材制造工艺。电化学增材微细制造的工作原理如图 4.67 所示。在电化学微细增材制造过程中,分别将两个电极(阳极和阴极)连接到电源的正极和负极,电解液中的金属阳离子在外电场的驱动下于阴极被还原为金属原子。形成的金属原子按顺序一个一个、一层一层地沉积在阴极工件上。由于金属阳离子在阴极的沉积过程高度依赖电解液成分和工作条件,因此调节这些影响因素可以定制所需的电沉积行为和沉积层性能。

2. 电化学增材微细制造的分类

根据是否使用掩膜,常见的电化学增材微细制造可以分为有掩膜电化学增材微细制造和无掩膜电化学增材微细制造两大类。

(1)有掩膜电化学增材微细制造以电化学技术为基础,通过掩膜精确定义需要电沉积填充的几何形状。有掩膜电化学增材微细制造起源于 20 世纪 60 年代末,主要用于印制电路、精密光栅、集成电路、微细医疗器械等微细金属零件的制造。有掩膜电化学增材微细制造示意如图 4.68 所示。有掩膜电化学增材微细制造被认为是一种金属复制过程,通过电化学方法将金属材料填充到光刻胶模具中。在这个过程中,通过一定形状的掩膜沉积复制得到与模具方向相反的图案,获得所需特征和组分的金属结构。在这种情况下,不同尺寸和形状的掩膜不规则分割阴极表面,导致不可避免地存在阴极电流密度分布不均匀的问题。因此,对于有掩膜电化学增材微细制造,由电流密度分布控制的沉积物厚度均匀性通常是不令人满意的。受限于当前光刻胶光刻技术可实现的成形能力,有掩膜电化学增材微细制造只能生成二维和准三维（2.5维）微尺寸的固体几何形状。若需要真正的三维复杂微几何形状，通常需要多个光刻胶掩膜用于一系列连续的电沉积操作。

（2）无掩膜电化学增材微细制造是在不使用掩膜的情况下进行的，其电极工作环境几乎是开放的，因此液相传质不受限。无掩膜电化学增材微细制造示意如图4.69所示。它利用较小的电极将电场局部化，使电沉积发生在局部空间，诱导电化学反应仅在电极附近发生，通过电极的移动增材制造复杂形状和结构。但是局部电沉积的沉积速率过快，容易产生氢脆、残余应力等不良现象；并且在很多情况下，电极间隙中电解液流动或电场分布的可控性较低，导致阴极的流场分布不均匀。因此，在无掩膜电化学增材微细制造过程中生长速率不均匀。

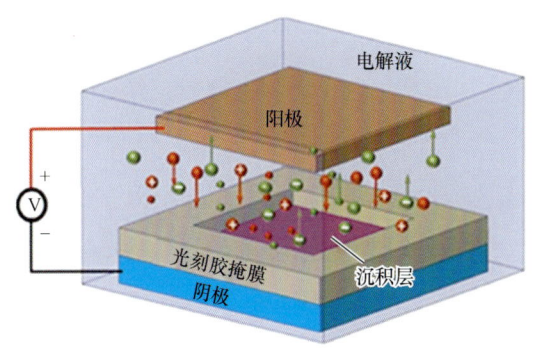

图4.68 有掩膜电化学增材微细制造示意

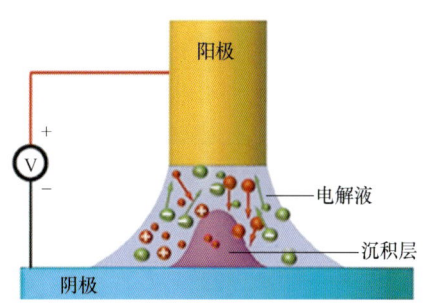

图4.69 无掩膜电化学增材微细制造示意

3. 电化学增材微细制造的特点

（1）有掩膜电化学增材微细制造的特点如下。

① 精度高，可加工零件尺寸小。

② 整体沉积效率高，残余应力小。

③ 难以成形三维复杂几何形状，掩膜边缘厚度均匀性差。

（2）无掩膜电化学增材微细制造的特点如下。

① 液相传质快，沉积效率高。

② 几乎能够成形任意结构。

③ 易产生氢脆、残余应力等不良现象，流场分布难以均匀。

电化学增材微细制造

4. 电化学增材微细制造的应用

（1）有掩膜电化学增材微细制造高精度复杂微型传动系统。

微型传动系统广泛应用于航空航天、仪器仪表、汽车等领域，对其要求是高性能、高可靠性、长使用寿命。尺寸小于10mm的微型传动系统在过去半世纪发展缓慢，有掩膜电化学增材微细制造具有优异的微细加工能力，能够加工微型传动系统。有掩膜电化学增材微细制造成形的微型传动齿轮如图4.70所示。

图4.70 有掩膜电化学增材微细制造成形的微型传动齿轮

(2) 无掩膜多金属四维打印。

无掩膜电化学增材微细制造可用于多金属四维打印,利用四维打印技术制备多金属零件,获得能够变形的金属物体。多金属四维打印过程示意如图 4.71 所示。利用两种不同金属热膨胀系数存在差异,能够设计出随温度变化的四维结构。通常,四维打印使用的材料仅限于高分子材料,因而受工作温度限制较多,而采用多金属四维打印,制造的零件可以在更高的温度下工作。

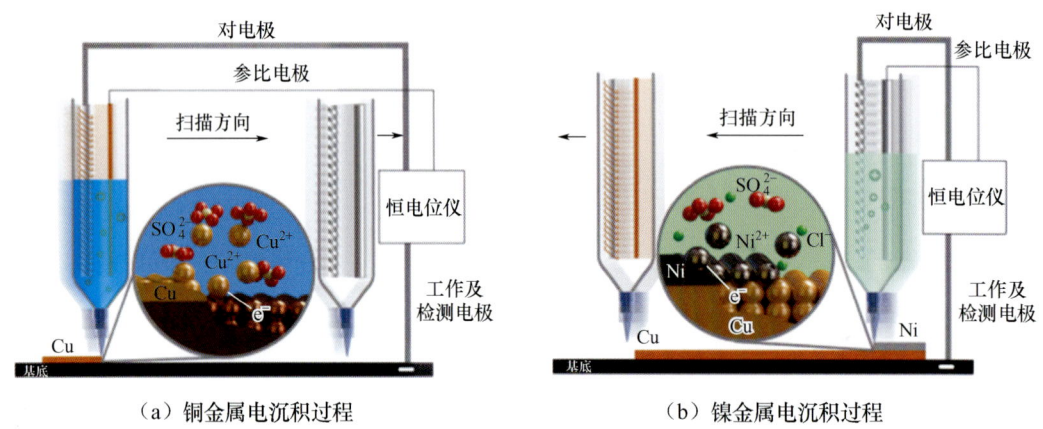

(a) 铜金属电沉积过程　　　　　(b) 镍金属电沉积过程

图 4.71　多金属四维打印过程示意

4.8　复合式增材制造

增材-电解
复合制造

激光增材制造金属零件的本质是一个铸造过程,其力学性能比锻件差,即使后续对成形件进行严格的热处理,其疲劳性能也无法与锻件媲美。

将基于不同原理的制造方法与增材制造技术复合,形成兼具两者优势的"AM+"复合式增材制造(hybrid additive manufacturing)技术,可以有效提高制件的成形精度和性能。复合式增材制造通过引入力、超声、电磁、激光等辅助能场,并作用于增材制造过程和后处理阶段,可实现对增材制件从显微组织、介/宏观缺陷到宏观形性的多尺度调控,获得性能优异、成形精度高的增材制件,是当前金属增材制造快速发展的重要方向。因此,复合式增材制造是突破金属增材制造工艺瓶颈的重要手段。

1. 复合式增材制造的分类

按外加辅助制造方法的加工原理,复合式增材制造可分为<u>三大类</u>:一是与切削加工材料"去除"原理结合的<u>增减材复合制造</u>;二是与轧制、锻造、喷丸"等量"制造原理结合的<u>增等材复合制造</u>;三是与超声、电磁、激光等特种能场结合的<u>特种能场辅助增材制造</u>。而外加辅助制造与增材制造又存在工序分离式、交叉协同式和同步跟随式三种复合形式。减材加工主要为工序分离式及交叉协同式,等材加工与特种能场加工通常为交叉协同式及同步跟随式。

2. 增减材复合制造

金属增材制造在零件成形精度和表面质量控制方面存在较大的局限性,难以实现零件的直接高精度成形。而基于材料“去除”原理的切削加工在零件成形精度和表面质量控制方面表现优异，且稳定性好。因此，将增材制造与切削加工复合，形成增减材复合制造，既可以发挥增材制造易构形、易自动化控制、成形效率高、材料利用率高的优势，又可以利用切削加工成形精度高、表面质量好的特点实现金属零件高效、高精度、高性能成形制造。

图 4.72 所示为德国德马吉公司开发的 LASERTEC65－3D 复合加工中心及增减材加工示意。增减材复合制造的加工过程如图 4.73 所示。采用增减材复合制造，零件的成形精度和表面质量大幅度提高。

增减材组合加工机床

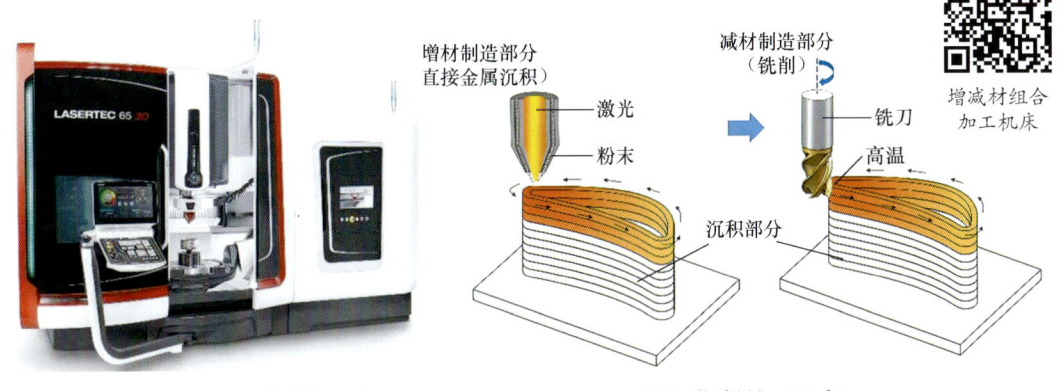

（a）LASERTEC65-3D复合加工中心　　（b）增减材加工示意

图 4.72　德国德马吉公司开发的 LASERTEC65－3D 复合加工中心及增减材加工示意

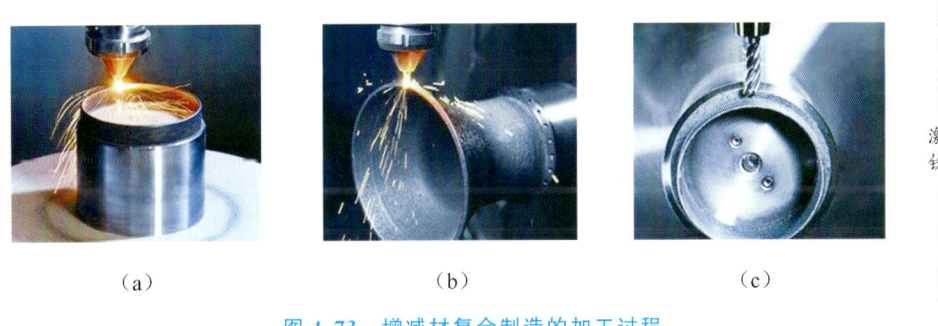

（a）　　（b）　　（c）

图 4.73　增减材复合制造的加工过程

激光近净成形-铣削组合加工

增材-铣削复合制造

3. 增等材复合制造

增减材复合制造能够有效提高制件的成形精度和表面质量，但对制件显微组织和宏观力学性能的调控效果不显著。基于轧制、锻造、喷丸技术的增等材复合制造在增材过程中或后处理阶段，通过引入机械力能场并作用于增材层，植入一定深度的塑性变形，提高增材层晶粒形态、显微组织和应力状态，可以实现对制件宏观力学性能的有效控制。

与轧制结合的增等材复合制造技术是研究广泛的复合式增材制造技术。轧制能产生大塑性变形量，使增材层内部缺陷被焊合，获得组织致密、晶粒细化的增材组织，且增材层表面质量较高，后续加工余量较小。增等材复合制造有两种工艺方法：一种是轧制与增材交叉协同的层间冷轧；另一种是轧制对增材同步跟随的随焊热轧。

图 4.74 所示的电弧沉积同步跟随复合增材制造，是一种基于新型微轧辊的增等材复

合制造。微轧辊跟随熔池对增材层同步热轧，轧制介入的温度可通过调节微轧辊对电弧的跟随距离调整，制件的宏观力学性能指标大幅度提高。

与锻造技术结合的增等材复合制造将效率高、组织性能优异的锻造成形与高柔性的增材制造复合，兼具两者优势，可实现复杂结构和高性能制件的近净成形。

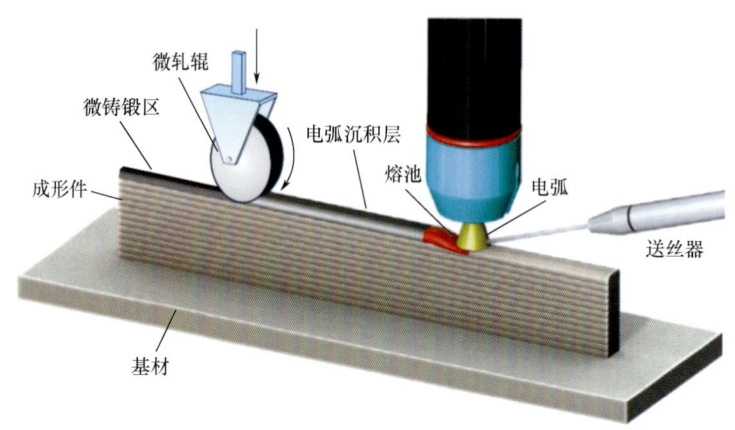

图 4.74　电弧沉积同步跟随复合增材制造

4. 特种能场辅助增材制造

前两类复合式增材制造对应的外加辅助制造均为接触式制造方法，存在设备干涉及效率等问题。特种能场辅助增材制造通过超声、电磁、激光等非接触式特殊能量源及其特征效应，作用于增材制造全过程，提高增材层显微组织，提高制件宏观形性。

超声、电磁类特种能场辅助增材制造分别通过高频超声波、电磁效应作用于增材熔池的形成和凝固过程，改变熔池形成到凝固过程中熔池流动、传热传质、结晶形核、固态相变规律，进而提高增材层晶粒形态、显微组织、应力状态和宏观形性。激光类特种能场辅助增材制造有激光冲击辅助、选择性激光烧蚀辅助和选择性激光重熔辅助三种方法。

5. 复合式增材制造的发展趋势

（1）向多制造技术复合式增材制造发展。减材制造在制件成形精度和表面质量控制方面表现优异，等材制造在制件显微组织和宏观性能控制方面效果显著，特种能场可改善增材层显微组织和宏观形性，具有非接触式制造特点。增材制造与单一减材、等材、特种能场进行复合，难以实现制件形性一体化的有效调控。将增材、等材、减材及特种能场进行复合，形成新型复合式增材制造，保留增材制造快速、柔性的制造特征，减材制造高精成形的制造特征，等材制造组织性能优异的制造特征，以及特种能场非接触式制造特征，将成为复合式增材制造未来发展的趋势。

（2）向在线检测、闭环控制发展。复合式增材制造对制件的形性调控为动态调控过程，为保证制件形性调控的质量和精度，需为复合式增材制造系统引入先进的检测、测量及控制技术，实时监测、反馈制造过程，并对制造过程进行闭环控制，动态调整工艺参数，实现增材制造形性的有效控制。

（3）向一体化、智能化产品设计制造发展。当前复合式增材制造还处于实验室研究阶段，除增减材复合制造外，还未见商品化的复合式增材制造。随着基础研究及支撑技术的不断发展，高度集成的商业设备将被逐渐推出，结合先进材料技术、CAD/CAPP/CAM 技术、智能控制技术及大数据、云计算技术，将形成从材料、功能、结构、工艺设计到加工制造的一体化、智能化产品设计制造流程。

（4）向大型构件的低成本、高效率、高质量制造发展。增材制造具有快速、柔性、绿色的先进制造特点，其与多制造技术结合形成复合式增材制造，能够较好地解决增材制件形性难控制的问题。随着复合式增材制造技术的迭代发展，将形成一种同时具有快速、柔性、绿色、低成本、高质量等制造优点的新型先进制造技术，在国家重大战略需求的航空航天、核电、石化等领域，对于超大型构件的制造将具有巨大的潜力。

4.9 激光增材再制造

再制造产业以先进技术和产业化生产为手段将废旧产品进行修复和改造，是促进制造业绿色发展、建设生态文明的有效途径。

再制造具有显著的"绿色"特征，它既是一种节约资源、能源的节约型制造，又是一种保护环境的绿色制造。再制造作为绿色制造主要体现如下：避免了废旧零部件回炉对环境造成的二次污染，减少了零部件后续制造过程（铸、锻、焊、车、铣、磨）的能源消耗及对环境的污染和危害，减少了报废设备直接堆放对环境造成的固体垃圾污染，通过技术改造提高了产品的绿色度。由于再制造过程中充分利用了蕴含在废旧产品中的附加值，因此其能源消耗只是新品制造的 50%，劳动力消耗只是新品制造的 67%，原材料消耗只是新品制造的 15%。

增材再制造技术是利用激光、电子束和电弧等能量源，在待修复区域将粉末或丝材等材料熔化后形成冶金结合修复金属零部件的一种绿色再制造技术。按照成形能量源，增材再制造可以分为激光增材再制造、电子束增材再制造和电弧增材再制造等。这里主要介绍激光增材再制造。

激光增材再制造（laser additive remanufacturing technology）是基于激光熔覆、激光堆焊等激光沉积技术实现金属零部件损伤部位几何尺寸或综合性能恢复的绿色制造新技术。激光增材再制造具有修复精度高、效率高、热影响区小、工件损伤小、修复区组织性能好、材料利用率高等特点，在保证修复废旧产品或零部件几何尺寸精度的同时，能保证零部件修复再制造区域具有良好的组织性能，甚至超越新品。

激光增材再制造是集光、电、机于一体的综合性修复再制造，被广泛应用于钢铁冶金、矿山机械、航空航天、轨道交通、船舶、电力和模具等领域，是促进产业升级和自主创新的新推力。激光增材再制造在大型零部件或小批量进口零部件的制造及修复再制造领域有着很高的应用价值。

1. 激光增材再制造的工作原理

激光增材再制造技术又称**激光金属沉积**（laser metal deposition，LMD）技术，源于美国桑迪亚国家实验室的激光近净成形技术，目前国际上对该技术尚没有统一的名称，虽然名称各不相同，但是技术原理几乎是一致的。激光增材再制造的技术基础是激光熔覆，即以金属粉末或丝材为材料，在具有零部件原型的 CAD/CAM 软件支持下，计算机数控控制激光头、送粉喷嘴或送丝嘴和机床按指定空间轨迹运动,激光束与粉末或丝材同步输送,在修复部位逐层沉积金属,最后生成与原型零部件近形的三维实体。激光增材再制造被认为是基于激光熔覆等技术对局部破损金属零部件进行修复的一系列技术措施或工程活动的总称。

2. 激光增材再制造的分类及特点

激光增材再制造的激光束分为传统式和光内式,熔覆的材料有金属粉末和金属丝材,熔覆材料的输送方式分为同轴输送方式和旁轴输送方式。由此激光增材再制造可分为传统式同步送粉激光增材再制造、传统式熔丝激光增材再制造、光内同轴送粉/送丝激光增材再制造、丝粉同步式激光增材再制造等,目前最常用的为传统式同步送粉激光增材再制造。

(1) 传统式同步送粉激光增材再制造。

传统式同步送粉激光增材再制造利用高能激光束照射基材形成液态熔池,金属粉末在载气带动下由送粉喷嘴射出后进入熔池,随送粉喷嘴与激光束的同步移动形成熔覆层,按送粉位置不同可分为同轴送粉式激光增材再制造(图 4.75)和旁轴送粉式激光增材再制造(图 4.76)。传统式同步送粉激光增材再制造具有易实现自动化、易控制和激光能量利用率高等优点,若同时采用同轴保护气则可以有效防止熔池氧化,制备出表面成形良好的熔覆层。因此,传统式同步送粉激光增材再制造目前应用最广泛。

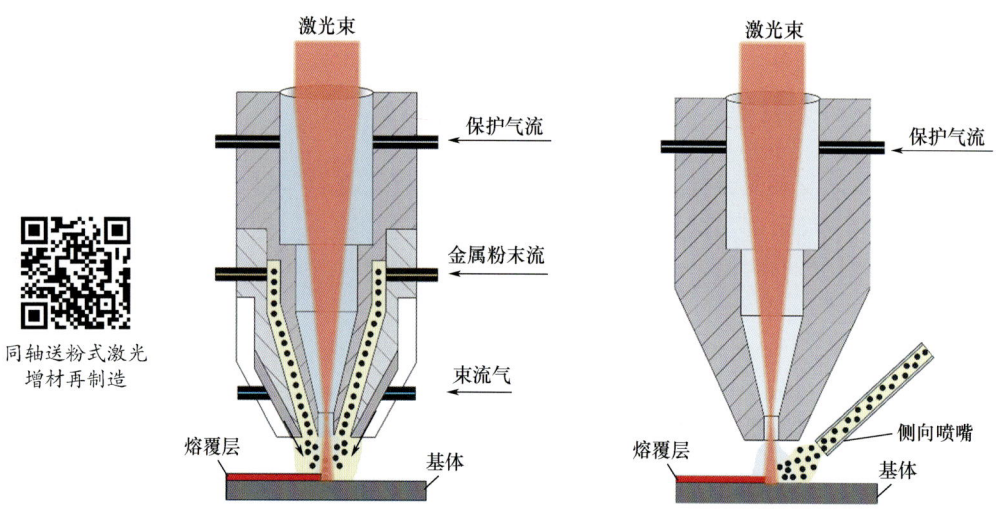

图 4.75 同轴送粉式激光增材再制造　　图 4.76 旁轴送粉式激光增材再制造

(2) 传统式熔丝激光增材再制造。

传统式熔丝激光增材再制造原理如图 4.77 所示。在工艺过程中,丝材可以从激光前后不同方向送入,与光轴成一定角度,即使送丝过程发生微小波动,也能保证熔滴过渡稳定、熔覆成形好。与广泛应用的传统式同步送粉激光增材再制造相比,传统式熔丝激光增材再制造具有材料利用率高、成形速度快和成形控制精确等优点。若不考虑激光沉积过程中飞溅现象的影响,则沉积层体积通常为送丝体积,材料利用率接近 100%。传统式熔丝激光增材再制造可用于修补模具裂纹、崩角和模具飞边等,加工后不会出现气孔。

(3) 光内同轴送粉/送丝激光增材再制造。

光内同轴送粉激光增材再制造是一种新型的增材制造工艺,其原理如图 4.78 所示。

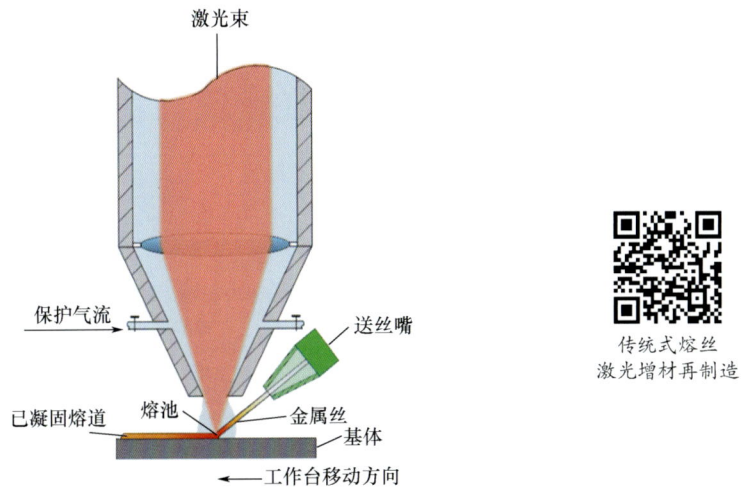

图 4.77　传统式熔丝激光增材再制造原理

该工艺采用一种新型送粉喷嘴，用锥镜分割激光束，再通过环形抛物镜反射会聚于一点，金属粉末流从中间喷射而出，达到了光包粉的效果。光内同轴送粉在粉末利用率和光束稳定方面有显著优势，一方面，光内送粉装置只有单根粉管，较容易实现粉末会聚，提高粉末利用率及成形件表面质量；另一方面，环形激光的能量分布呈马鞍形或月牙形，能量分布更均匀、合理，在改善圆形实心光斑引起的边缘熔化不充分现象的同时，可有效改善热量积累现象，有利于多道搭接多层堆积成形。

类似的还有光内同轴送丝激光增材再制造，其原理如图 4.79 所示。与旁轴送丝相比，光内同轴送丝的被熔丝材与激光束同轴垂直送进，扫描成形加工时的送进方向、送进角和送进位置均不变，可消除扫描方向性影响。

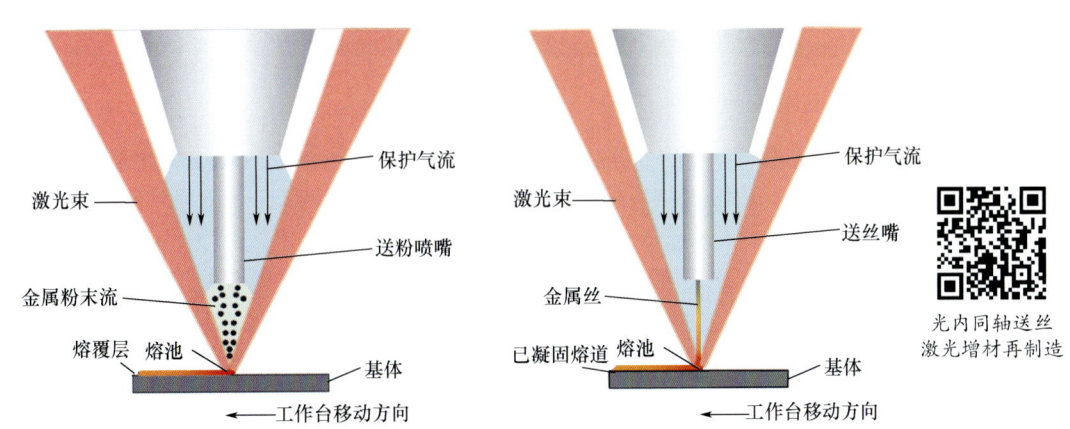

图 4.78　光内同轴送粉激光增材再制造原理　　图 4.79　光内同轴送丝激光增材再制造原理

（4）丝粉同步式激光增材再制造。

丝粉同步式激光增材再制造是由送粉激光增材再制造和熔丝激光增材再制造复合而成的，兼具二者优点，在复合材料构件增材制造和再制造领域有良好的应用前景。丝粉同步式激光增材再制造原理如图 4.80 所示。

预热式激光增材
再制造修复

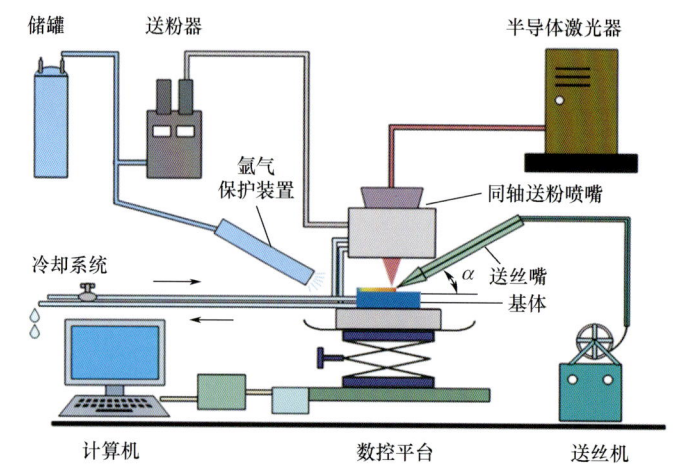

图 4.80　丝粉同步式激光增材再制造原理

3. 激光增材再制造零部件质量无损检测与评价

对激光增材再制造零部件进行寿命预测和质量控制是再制造过程中的重要环节，直接关系到激光增材再制造零部件的可靠性是否能够达到新品的标准。对激光增材再制造零部件而言，应力及其损伤是影响质量的根本因素，但零部件质量失效的直接原因还是缺陷，零部件中的危险性缺陷（如扩展性裂纹）通常会引起应力集中及损伤扩展，因此实现激光增材再制造零部件缺陷检测及类型判定成为保证这类产品质量、性能的关键。应用无损检测技术对再制造零部件中的缺陷进行检测和监控，可以为再制造零部件的寿命预测和质量控制提供重要依据及指导。

经过多年的发展，无损检测技术逐步成为多种方法的总称，其中超声波检测、涡流检测、X 射线检测、渗透检测和磁粉检测被称为五大常规无损检测方法。激光增材再制造构件的无损检测评价主要集中检测成形缺陷和应力（具体检测方法见第 5 章）。

4. 激光增材再制造的应用

激光增材再制造发展较快并成为机械工业领域发展的重点。激光增材再制造已应用在航空航天、国防工业、矿山机械、能源动力、冶金装备等领域。下面主要介绍其在航空航天、船舶、模具等领域的应用。

（1）航空航天领域。德国弗劳恩霍夫研究所对 Ti‑6246 整体叶轮和叶片修复展开研究，将受损叶片进行切割，并测量叶片切割后的实际几何尺寸，根据测量结果生成修复扫描路径，成功修复了受损叶片。Ti‑6246 整体叶轮和叶片修复如图 4.81 所示。

利用激光增材再制造对某型号航空发动机钛合金整体叶轮损伤部位进行修复后，其顺利通过试车考核。图 4.82 所示为发动机整体叶轮修复过程。

（2）船舶领域。利用激光增材再制造进行船用柴油机曲轴修复，沉积材料与基体材料可获得良好的冶金结合，修复后的曲轴顶部和底部状态良好。修复后的曲轴如图 4.83 所示。

利用激光增材再制造进行船用活塞修复（图 4.84），修复后的活塞具有更高的硬度和耐蚀性，可有效延长活塞的使用寿命。

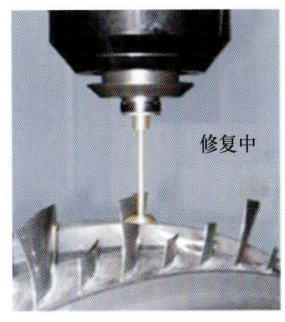 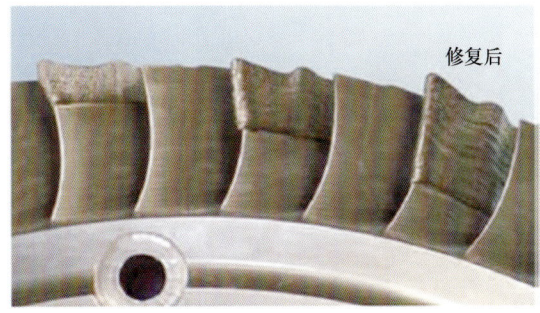

(a)叶轮

 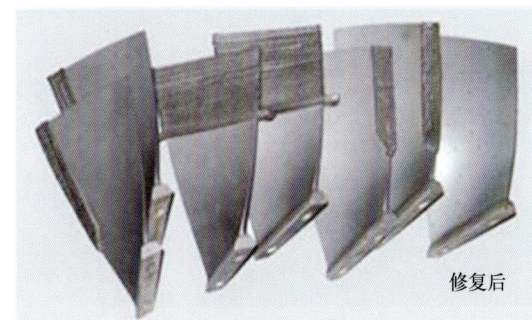

(b)叶片

图 4.81　Ti-6246 整体叶轮和叶片修复

  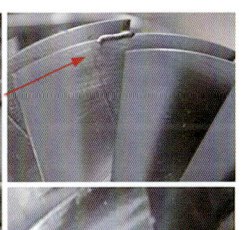

(a)叶轮外观　　　(b)叶轮修复中　　　(c)叶片修复后

图 4.82　发动机整体叶轮修复过程

（3）模具领域。利用激光增材再制造进行热锻模具修复（图 4.85），修复后模具的使用寿命是原来模具使用寿命的 25 倍。

利用激光增材再制造进行汽车模具修复（图 4.86），修复后的模具使用寿命与原模具的使用寿命相同。

金属零部件激光增材再制造具有广阔的应用潜力，将在更广泛的工业领域得到推广应用，并实现产业化和规模化。

利用激光增材再制造修复汽轮机轴

（a）顶部视图

（b）底部视图

图 4.83　修复后的曲轴

超高速激光熔覆技术

（a）修复中

（b）修复后

图 4.84　船用活塞修复

（a）修复前

（b）修复后

图 4.85　热锻模具修复

（a）修复前

（b）修复后

图 4.86　汽车模具修复

4.10 金属粉末增材制造的生产安全

4.10.1 金属粉末增材制造操作人员安全防护

1. 材料暴露

由于金属粉末在增材制造中的使用频率逐年提高,因此其使用安全问题尤为重要,了解人体暴露于金属粉末中的风险是非常必要的。在增材制造行业,金属粉末的平均直径为 $\phi 25 \sim \phi 150 \mu m$,在使用过程中需要特殊的搬运和储存手段。金属毒性是一个现实的威胁,人体无法轻易代谢大多数金属粉末。由于在增材制造过程中操作人员暴露在金属粉末的环境下,金属在人体体内长期累积将会缓慢达到毒性水平,因此,处理金属粉末和任何其他可能有毒的增材制造材料时,<u>操作人员应始终穿戴有质量保障的防护装备和呼吸面罩</u>。

2. 气体检测

增材制造设备工作时,激光熔化粉末材料时会产生很高的热量,熔池发生强烈扰动,使熔化的粉末飞溅,而急冷急热的过程又使熔化的粉末凝固为碳渣,此时我们的眼睛观察到的是烟尘状的蒸发烟。为了保证增材制造产品的质量,需要工作腔内有流动气体,以吹拂、吸收蒸发烟等碳渣。但对流动气体的选择至关重要,有些粉末的活泼性很强,在大量热的加持下会产生剧烈的化学反应,造成爆炸;具有强氧化性的粉末会发生氧化,造成质量缺陷。因此,使用惰性气体或不活泼气体可以满足设备工作需求,流动气体通常为氩气、氮气。由于增材制造设备的工作环境需要保持恒定的温度与湿度,这就注定不可以在开放的空间内放置设备,而如果惰性气体或不活泼气体在空间含量升高就会使人窒息,因此建议在放置设备的空间安装氧传感器,连续监测、记录空间的氧气水平,当氧气水平降低至安全限位时发出警报。

3. 物料搬运

增材制造生产车间的区域大致分为设备工作区、物料储存区、成形件完成态存放区、基板存放区。粉状物料应桶装储存,操作人员进入生产车间时只有穿着工作防护服与劳保鞋才可进入设备工作区。转移建造平台(基板)时,需使用电动叉车搬运与转移,当电动叉车运行时需保证两名操作人员在场,在叉车前方与叉臂下方不允许站人,需要用天车转移的大型物料,操作人员需严格按照天车使用手册操作天车移动。

4. 零件后处理

在成形后,需对成形件进行后处理,此时应该格外注意残存粉末的安全处理。金属增材制造的支撑结构为蜂窝中空状结构,也会有粉末困在其中。当从成形腔取出建造平台(基板)时,由于外力的作用,可能会使支撑结构内的粉末脱困,释放到空气中,因此在取出建造平台之前,需用防爆吸尘器对残存粉末进行抽吸,确保粉末不会对空气造成污染。操作人员在整个操作过程中须佩戴丁腈手套和 PM 2.5 头戴式可换滤芯面罩,确保人身安全。静电也是潜在的危险隐患。静电电弧可以点燃粉末,当粉尘浓度足够大时,静电会引发爆燃与炸裂。增材制造操作区域应当放置静电释放球杆并做接地处理，操作人员每次进入工作区域，须双手触摸静电释放球杆数秒，以释放静电，防止发生爆炸等事故。

5. 环境影响

增材制造车间的环境影响同样是增材制造设备在使用过程中的一个挑战。处理散落在空间中的粉末和收集设备清粉仓内的待回收粉末是增材制造操作人员必须进行的工作，但在处理过程中存在火灾、爆炸和吸入式伤害等风险。因此，为了消除隐患，需定期使用大吸入口面积的防爆吸尘器对生产车间的地面进行粉末吸除，使用无纺布蘸取无水乙醇对设备进行定期擦拭，清除暴露在空间中的残存粉末。车间内每隔5m需放置一个D型灭火器，方便发生火情时，操作人员能够第一时间进行灭火，车间角落还应放置五桶以上消防沙，预防火情的发生。

4.10.2　金属粉末增材制造设备与材料防护

1. 增材制造设备的维修与养护

增材制造设备的主要部分为光纤激光器与扫描振镜系统，二者均为光学精密器件，需要在恒定温度与恒定湿度的空间工作。在增材制造零件成形过程中，只有对材料加热才能完成打印烧结，因此长时间的高温环境容易引起设备故障，此时需配备水冷机设施，通过水路冷却元器件，保证设备稳定运行。由于设备工作时，需要向仓体内不断注入惰性气体或不活泼气体以降低氧浓度，防止爆炸与成形件氧化，此时仓体内的压力逐渐增大，大于外界气体压力，设备需要安装泄压阀以保证气压在仓体所能承受的范围内。因此需要定期检查泄压阀的工作情况，避免损坏而导致成形仓爆炸。现阶段，增材制造设备厂商考虑粉尘含有金属粉末等有害物质，长时间吸入会对操作人员造成伤害，对设备进行了迭代处理，增加了箱式清粉台，直接对粉末进行循环收集，使操作人员与粉末全程分离，降低了粉末对操作人员的伤害。图4.87所示为成形仓和箱式清粉台分离的金属打印机。

成形仓和箱式
清粉台分离的
金属打印机

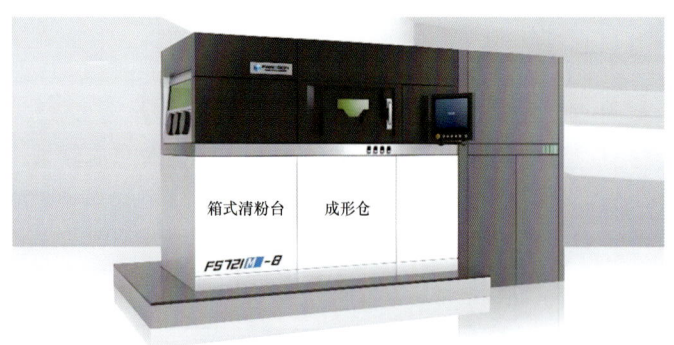

图4.87　成形仓和箱式清粉台分离的金属打印机

2. 增材制造材料防护

储存增材制造粉末时，需要注意以下事项。

（1）保持干燥。由于粉末极易吸潮，吸潮后易发生反应，因此储存粉末时应将其放置在干燥的环境中，避免与水或腐蚀性液体接触。

(2) 防止氧化。由于粉末易与氧气发生反应而使表面氧化，因此储存粉末时应避免其与氧气接触，可以在储存容器内加入保护气体或在表面涂覆保护层。

(3) 防止火灾。因一些粉末具有易燃性，故储存时应避免其与火源或高温环境接触，以免引发火灾。

(4) 防止受潮。粉末储存容器应具备一定的密封性，长时间储存时应定期检查，防止粉末受潮而发生粘连。

储存粉末材料的容器有以下几种。

(1) 塑料容器。塑料容器可密封性好，防潮性能较强，且造价低廉。但对于易燃、易爆金属粉末来说，塑料容器是不安全的。

(2) 玻璃容器。玻璃容器对金属粉末有较好的防潮性能，且质地坚固，耐高温，能满足多种储存要求，但其造价较高。

(3) 金属容器。金属容器是金属粉末储存的理想材料，一般由不易与金属粉末发生反应的金属（如不锈钢或铝等）制成。金属容器具有良好的密封性能和防潮性能，而且能够有效阻隔氧气和水，防范火灾事故的发生。

粉末对温度、湿度相当敏感，需要储存在密封的干燥容器内，存储温度约为15℃，相对湿度控制在45%以下；需要根据不同粉末所具有的特性选择对应存储温度与湿度。必须将粉末存放在防爆柜中。粉末防爆柜（图4.88）须有通风风扇，柜内只准许放置同种粉末，不能与易燃易爆、化学物品混放。禁止在粉末储存室周围吸烟、操作明火；储存和使用金属粉末时，要注意粉末包装的完好性，以防止破损和泄漏。若发现泄漏则立即用湿布包裹粉末，并通知专业人员处理；企业需要建立完备的金属粉末管理制度（包括仓库管理、库存量的控制、定期检查等），定期清点粉末库存量、检查设备，定期培训员工，提高员工安全管理的水平。

粉末防爆柜

图 4.88 粉末防爆柜

储存增材制造金属丝状材料时，需要注意以下事项。

(1) 金属丝状材料的储存温度为5~35℃，相对湿度应保持在70%以下。过高的储存温度或者相对湿度会导致丝状材料表面氧化且容易受到腐蚀，从而降低丝状材料的质量。因此，储存丝状材料时需要注意环境温度和湿度的控制，避免出现不适宜的环境条件。

(2) 储存和运输金属丝状材料时，需要对其进行包装，以保证其不受到外界因素的影响。包装材料应该是防潮、防氧化和耐腐蚀的。常用的包装材料有聚乙烯薄膜、防潮纸和泡沫塑料等。包装时，要注意避免丝状材料与其他金属或非金属物体摩造成损坏。

(3) 储存和使用金属丝状材料时，需要采取相关防护措施，以避免对操作人员造成损害。首先，不应将丝状材料长期暴露于阳光下，防止紫外线使丝状材料氧化和损坏。其次，使用丝状材料进行焊接等操作时，应注意遵守相关操作规程，避免造成过度拉扯、磨损等情况。最后，储存和使用丝状材料时，还应避免其受到水、油等液体的直接污染。

思考题

1. 什么是金属增材制造技术？其主要包括哪几大类？
2. 金属增材制造用粉末制备技术主要有哪几种？简述真空感应熔炼气雾化的工作原理。
3. 简述选区激光熔化的成形原理及特点。
4. 简述三维多金属材料选区激光熔化的成形流程与普通选区激光熔化的差别。
5. 电子束选区熔化与选区激光熔化的区别是什么？各有什么特点？
6. 简述激光近净成形的工作原理及特点。
7. 简述激光熔丝增材制造的工作原理及特点。
8. 简述电子束熔丝沉积成形的工作原理及特点。
9. 简述电弧熔丝增材制造的工作原理及特点。
10. 简述等离子弧熔丝增材制造的工作原理及特点。
11. 简述搅拌摩擦增材制造的工作原理及特点。
12. 简述纳米颗粒喷射的工作原理及特点。
13. 简述金属浆料沉积的工作原理及特点。
14. 简述金属微滴喷射的工作原理及特点。
15. 简述冷喷涂增材制造的工作原理及特点。
16. 简述电化学增材制造的工作原理、分类及特点。
17. 简述复合式增材制造的分类。
18. 简述激光增材再制造的工作原理、分类及特点。
19. 金属粉末增材制造操作人员安全防护主要包括哪些方面？
20. 金属粉末增材制造设备与材料防护主要包括哪些方面？

第 5 章
增材制造后处理及缺陷检测

◈ **本章教学要求**

教学目标	知识目标	1. 掌握增材制造后处理的类型。 2. 掌握光固化陶瓷成形流程。 3. 掌握热等静压的工作原理。 4. 了解金属成形件特种加工处理的方式,掌握电解质等离子抛光原理及特点。 5. 掌握增材制造过程中产生的主要缺陷。 6. 掌握增材制造无损检测的主要方法,熟悉不同无损检测方法的工作原理
	能力目标	1. 结合增材制造过程中产生的主要缺陷,掌握增材制造需要后处理及无损检测的原因。 2. 结合金属增材制造表面的缺陷,掌握增材制造需要表面处理,尤其是特种加工处理的原因
教学内容		1. 增材制造后处理的类型。 2. 增材制造热处理。 3. 增材制造机械处理。 4. 增材制造特种加工处理。 5. 增材制造检测与分析
重点难点及 解决方法		1. 对于增材制造需要后处理问题,通过光固化陶瓷成形流程讲解。 2. 对于增材制造成形件进行电解质等离子抛光,通过极间微观过程的变化阐述其原理。 3. 结合 CT 检测原理及增材制造金属内部孔缺陷的发现,讲解工业 CT 检测
学时分配		授课 3 学时

通常需要对增材制造的成形件进行基板分离、去除多余材料和支撑结构，还需要根据需求进行脱脂、烧结、后固化、修补、打磨、抛光、喷砂和表面/性能强化等处理，这些工序统称后处理。常见的后处理工序包括将光固化陶瓷成形件置于加热炉中脱脂、将 SLS 成形金属件置于加热炉中烧除黏结剂并烧结金属粉和渗铜、将 SLA 成形件置于大功率紫外线固化炉中做进一步的内腔固化等。此外，成形件的表面质量或力学性能等可能不完全满足最终产品的要求，如表面粗糙度过高，曲面上存在因分层沉积而形成的小台阶，因 STL 格式而可能造成三角面片粗化，薄壁和某些微小特征结构（小梁、薄筋）缺失、磨损，某些尺寸误差、形状误差较大，耐磨性、耐蚀性、导电性、导热性和表面硬度达不到要求，表面颜色不符合产品要求，等等。因此，在增材制造后，一般都需要对成形件进行适当的后处理。根据工艺类型，可将后处理分为热处理、机械处理、特种加工处理、检测与分析等，实际生产中，可根据具体需求选择其中的一种或多种工艺。

5.1 热 处 理

5.1.1 光固化陶瓷件脱脂及烧结处理

光固化陶瓷技术的原理是将陶瓷粉末、光敏树脂、分散剂、光引发剂等材料混合均匀，制备出可用于成形的陶瓷浆料，然后利用其在光固化设备上成形出具有三维复杂结构的高精度陶瓷生坯。因为成形的陶瓷生坯中含有大量的树脂等有机物，所以烧结前需要进行脱脂。陶瓷生坯经脱脂和烧结处理后，可以获得高性能的陶瓷样件。光固化陶瓷成形流程如图 5.1 所示。

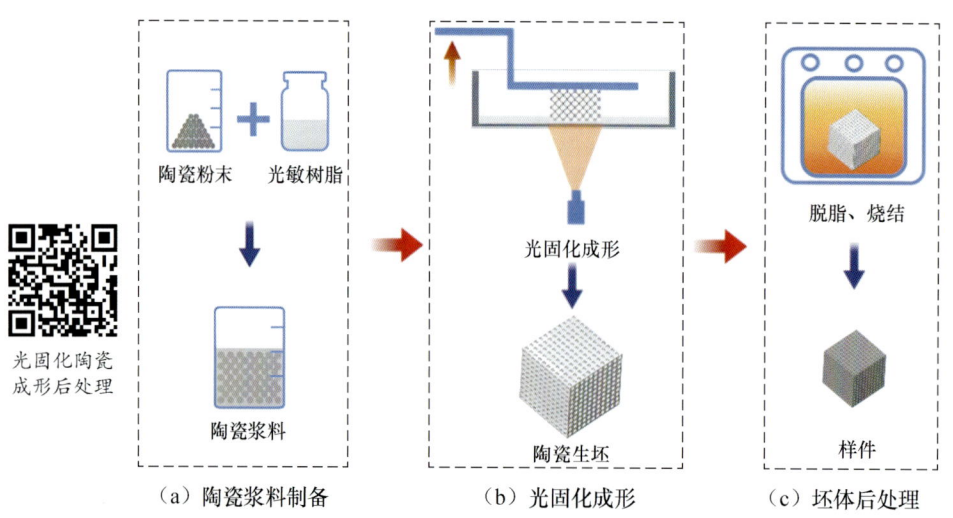

图 5.1 光固化陶瓷成形流程

由于不同类型的陶瓷结构和形状不同，不同部位的截面厚度不同，难以进行均匀化烧结和变形控制，因此能否实现树脂的均匀排出、降低收缩率和变形量、提高烧结尺寸精度和高温强度、控制孔隙分布、确保目标结构完整是陶瓷光固化成形质量能否提高的关键。

光固化陶瓷成形发动机排气混合器

光固化陶瓷工艺常用的**脱脂**是指通过加热方法将光固化后的陶瓷生坯内具有黏结剂作用的有机物挥发、分解、排除并产生少量烧结的过程。脱脂一般包括以下步骤：①低分子量聚合物蒸发；②氧化分解；③高分子聚合物热降解。

加热光固化后的陶瓷生坯，脱脂时，由于黏结剂组分受热软化，坯体在重力和热应力的作用下易产生黏性流动变形，因此脱脂速率低、耗时长。在脱脂工艺中炉温的控制非常严格，要与组分的挥发、热降解具有一致性。同时，脱脂有尺寸厚度的限制，针对不同尺寸的陶瓷生坯，需要相应地调整脱脂工艺。

烧结是脱脂后的陶瓷生坯在高温下致密化过程和现象的总称。陶瓷烧结的过程大致如下：随着温度的上升和时间的延长，固体颗粒相互键联，晶粒长大，空隙（气孔）逐渐减小，晶界逐渐形成并稳定，通过物质传递，陶瓷生坯总体积减小，密度增大，最终成为高致密度的多晶烧结体。

光固化陶瓷生坯在脱脂和烧结过程中微观组织结构会发生变化，并伴随尺寸减小，直接影响陶瓷样件的性能和尺寸精度。如果烧结工艺不合理，那么会直接导致陶瓷样件变形开裂。图 5.2 所示为规则单元结构的多孔陶瓷支架及仿生多孔陶瓷支架烧结前后的尺寸对比。因此，只有系统研究光固化陶瓷生坯在脱脂和烧结过程中的脱脂行为、烧结机理及高温二次烧结强化机制，才能实现对光固化增材制造陶瓷的精确"控形"和"控性"。

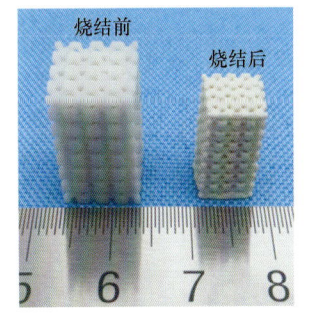

（a）规则单元结构的多孔陶瓷支架　　　　（b）仿生多孔陶瓷支架

烤瓷牙制造流程

图 5.2　规则单元结构的多孔陶瓷支架及仿生多孔陶瓷支架烧结前后的尺寸对比

5.1.2　烧结件脱脂、预烧结、渗金属处理

SLS 使用的是粉末材料，但是其与同样使用粉末材料的 SLM 有本质区别，SLS 使用的粉末材料是带有黏结剂的粉末，且黏结剂的熔点比基材粉末的熔点低，当激光照射时，粉末中的黏结剂熔化黏结基材粉末，逐层堆积而成形。

金属粉末制品高温烧结

采用 SLS，粉末材料经过烧结后只形成原型或零件的原坯。为了提高烧结件的力学性能和热学性能，还需要对其进行后处理。烧结件的后处理方法有多种，如高温烧结、热等静压、熔浸和浸渍等。根据不同材料坯体和不同的性能要求，可以采用不同的后处理方法。

1. 高温烧结

金属和陶瓷坯体均可用高温烧结的方法进行后处理。原坯经高温烧结后，坯体内部孔隙减小，密度、强度增大，性能提高。在高温烧结中，升高温度有助于界面反应，延长保温时间有利于通过界面反应建立平衡，使制件的密度、强度增大，均匀性和其他性能提高。高温烧结处理后，由于制件内部空隙减小，导致体积减小，因此制件的尺寸精度受到影响；炉内温度梯度不均匀也会造成制件各方向收缩不一致，发生翘曲变形。

黏结剂喷射成形金属零件及熔浸后处理

2. 热等静压

金属和陶瓷坯体均可采用热等静压进行后处理（详见 5.1.5）。**热等静压的原理**是将高温和高压同时均匀地作用于坯体表面，消除坯体内部气孔，提高制件的密度和强度，并提高其他性能。热等静压包括升温、保温和冷却三个阶段。采用热等静压可以使制件致密，这是其他后处理方法难以做到的，但制件的尺寸收缩也较大。

3. 熔浸

SLS 成形件内部疏松多孔，表面粗糙度较大，具有很强的渗透性，机械性能表现不乐观。熔浸是一种用于 SLS 成形件的后处理方法，采用渗透涂覆原理，先将金属或陶瓷坯体与另一个低熔点的金属接触或浸埋在液态金属内，然后开启加热炉进行加热渗透强化处理并持续一段时间，使液态金属填充制件的孔隙，冷却后得到致密的零件。熔浸通过在制件的内部及外表面增加和填充功能性材料，赋予烧结件本身不具备的附加性能（提高自身强度、导电性和耐化学腐蚀性）。熔浸可以满足 SLS 成形件的性能要求，制件的致密化过程不靠制件本身的收缩，而主要靠易熔成分从外部补充填满空隙，故经过熔浸的制件致密度高、强度大，尺寸基本不收缩。

4. 浸渍

浸渍和熔浸相似，都可用于 SLS 成形件，不同的是浸渍是将液态非金属物质浸入多孔坯体的孔隙，经过浸渍，制件尺寸变化很小。

5.1.3　熔化成形金属件去应力退火

由于金属增材制造特别是 SLM 受自身高能激光热源的作用，材料内部在反复、剧烈、非稳态的急速熔化与快速凝固过程中极易形成复杂的热应力场，复杂的热应力场导致金属成形件内部产生较大的残余内应力。如果不对残余内应力进行调控，那么极易造成成形件变形、开裂，从而引发失效，这种现象在成形大尺寸金属结构件时尤为严重。去应力退火的目的是消除导致结构件失效的有害残余内应力。因此，金属结构件在成形结束后，在与基板分离前需先进入热处理炉，按照规定的热处理规程进行加热、保温、缓冷，以减小残余内应力，然后进行与基板的分离操作。

通常情况下，在去应力退火过程中，首先，将待处理金属结构件加热到一定温度（通常高于金属材料的再结晶温度）并保持一定的时间，使结构件内部的晶体重新排列并减小材料中的应力；然后，缓慢降低温度，使结构件内部的晶体重新固化，从而达到退火效果。在去应力退火过程中，内应力逐渐消失或减小，同时伴随着材料的晶体再排列和细化。去应力退火可以提高材料的塑性、韧性和延展性，降低材料的硬度和强度。去应力退火不仅可以提高材料的物理性能，还可以减少材料的变形和裂纹，提高材料的可加工性。根据金属材料的不同，需要设置去应力退火的加热速度、保温温度、保温时间、冷却方式、冷却速度、真空度，以达到最佳去应力效果。

5.1.4 熔化成形金属件材料性能热处理

一般而言，去应力退火的目的是消除残余内应力，如果要更好地提升综合性能，就需要进行更复杂的热处理来调控组织，提升材料的韧性、塑性，即通过对增材制造结构件进行后处理，使其综合性能媲美传统锻造结构件。固溶处理的原理是将金属材料加热到临界温度（通常略低于材料熔点）并保持一段时间，然后以大于临界冷却速度的速度冷却，再配合时效热处理，有效提高材料的刚性、硬度、耐磨性、耐疲劳性及韧性等。

5.1.5 熔化成形金属件热等静压

热等静压（hot isostatic pressing，HIP）技术由美国巴特尔研究所的萨勒等人首先于20世纪50年代进行研究，后来被称为气压黏结。热等静压的工作原理如图5.3所示，将金属件放置到压力容器中，向容器内充惰性气体，在接近材料锻造温度和100～140MPa的压力下，使金属件烧结并致密化。增材制造的金属件内部存在气孔等缺陷，而**热等静压的突出作用是消除金属件内部的孔洞缺陷，提高零件的致密度**，尤其适用于钛合金、镍基合金零件。热等静压主要利用高温作用下金属材料强度极低、塑性极好，孔洞区域的金属受到外界气体压力的作用发生塑性变形而相互接触发生冶金结合使孔洞消失，达到以较小的变形量减少零件内部的空隙及缺陷的目的。零件经热等静压处理后，各方面性能均有实质性提高，特别是在微观组织与机械性能方面可保持较高的一致性和重复性，有望解决由缺陷带来的增材制造结构件疲劳性能下降问题。热等静压的工艺设置与材料、零件结构等因素密切相关。

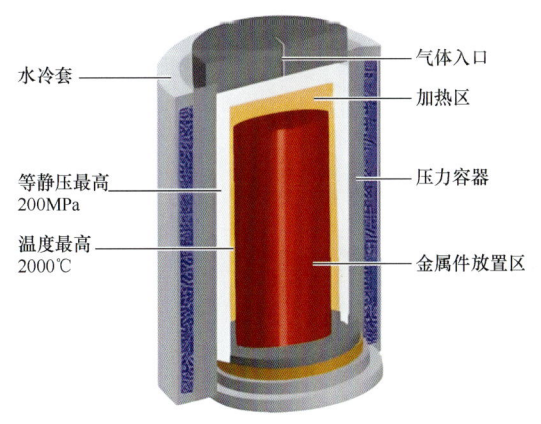

热等静压的工作原理

图 5.3 热等静压的工作原理

5.2 机械处理

增材制造成形后，通常需要将成形件与基板分离。非金属材料成形件与基板的结合力较小，通常较易分离，但金属材料成形件与基板已经形成强力的冶金结合，如图5.4所示,二者不易分离。电火花线切割利用电火花放电的能量蚀除材料以切割工件材料。在加工过程中,电极丝(通常为钼丝)作为电极之一,与工件保持一定的放电间隙,通过向电极丝与工件之间施加脉冲电压,形成火花放电,完成电极丝对工件材料的放电切割。因此电火花线切割加工可以实现高精度的切割,适合金属材料成形件与基板的分离。普通电火花线切割机床电极丝垂直放置,线切割工作液容易污染成形件,在切割过程中,基板表面需平行于电极丝,被切成形件处于水平方向,成形件被切断后,落下时容易磕碰而造成损坏,如图5.5所示。针对这种情况,已有公司推出了增材制造专用的成形件与基板分离电火花线切割机床,采用电极丝水平放置的卧式切割方式,有效规避了成形件掉落造成的损伤。例如,瑞士GF加工方案设计了一种卧式电火花线切割机床CUT AM 500,采用电极丝(直径$\phi 0.2mm$)水平方向高速往复走丝,浸液加工,卧式电火花线切割机床及加工现场如图5.6所示。安装好工件后,旋转轴带动安装基板旋转180°(工件头向下),然后进行电火花线切割分离,分离后的工件落入下方的工件筐。在重力作用下蚀除颗粒自动下落,使蚀除产物的处理比较简单,也避免污染工件,同时保证了切割精度、切割稳定性及工件的安全。除电火花线切割外,带锯切割、砂轮切割也是常用的分离方法,这些分离方法的优点是操作方便、切割效率高,缺点是切割精度低、易损伤成形件。

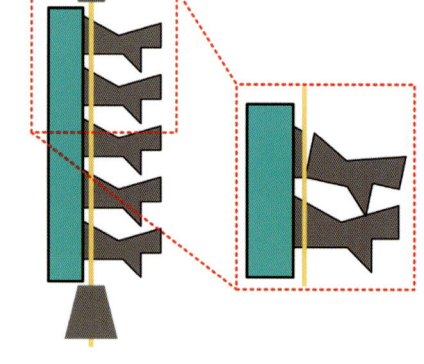

图5.4 与基板形成冶金结合的金属材料成形件　　图5.5 线切割分离方式存在的问题

金属增材制造零件的分离切割

不锈钢涡轮盘的选区激光熔化成形及线切割分离

金属增材制造零件卧式电火花线切割机床切割分离

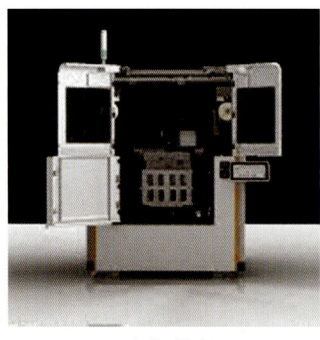

(a)机床　　(b)加工现场

图5.6 卧式电火花线切割机床及加工现场

成形件与基板分离后,即可为成形件去除支撑结构。非金属材料成形件的支撑结构通常强度较低,简单手工处理即可去除,如图 5.7 所示。当某种化学溶液能溶解支撑结构且不会损伤成形件时,可以用该化学溶液使支撑结构与成形件分离。例如,可用溶液溶解蜡,从而使成形件(热塑性塑料)与支撑结构(蜡)、基板(蜡)分离。这种方法的分离效率高,工件表面较清洁。当支撑结构熔点较低时,可采用加热方式去除支撑结构且不损伤成形件本体。

去除支撑结构后,非金属材料成形件表面有较明显的小缺陷,需进行修补处理,使用热熔性塑料、乳胶与细粉料混合而成的腻子或湿石膏在缺陷位置填补,然后用砂纸等工具进行打磨、抛光。

目前,金属材料成形件去除支撑结构的常规手段仍是钳工手工操作,具体方法为手工去除表面点接触的非实体支撑后,采用电动磨具打磨表面,对于有尺寸要求的特殊成形件,需用车削、铣削、磨削等机械加工方法以保证尺寸精度。处理后再经喷砂处理,**喷砂处理**一般以压缩空气为动力,利用高速喷射束将喷料(铜矿砂、石英砂、金刚砂、铁砂、海砂)喷射到需处理的工件表面,如图 5.8 所示。由于磨料对工件表面有冲击和切削作用,因此工件外表或形状会发生变化,工件表面的机械性能提高。喷砂处理完成即可认为初步完成金属增材制造成形件的后处理。后续再根据客户的具体使用要求确定某种特殊的后处理工艺。

图 5.7 手工去除支撑结构

图 5.8 喷砂处理

5.3 特种加工处理

5.3.1 磨粒流加工

磨粒流加工(abrasive flow machining,AFM)也称挤压珩磨,是以一种含磨料的半流动状态的黏弹性磨料介质,在一定压力下挤过被加工表面,经磨粒的刮削作用去除工件表面微观不平材料,以达到对工件进行抛光、去毛刺和倒圆角的目的,因此也称**磨粒流抛光**。磨粒流加工对复杂孔洞结构成形件有良好的加工可达性,且不存在环境污染问题。采用磨粒流加工对增材制造流道内孔壁面等可达性差的结构进行抛光被认为是一种极有效且广泛使用的方法。

图 5.9 所示为磨粒流加工过程示意。将工件安装并被压紧在夹具中,夹具与上、下

磨料室相连，磨料室内充以黏弹性磨料，通过活塞的往复运动，黏弹性磨料对所有表面施加压力。黏弹性磨料在一定压力的作用下反复在工件被加工表面滑移通过，类似于用砂布均匀地压在工件上慢速移动，从而达到表面抛光或去毛刺的目的。材料的去除率与磨粒流载体的压力有关，磨粒作用于工件表面的压力太小，则磨粒与工件表面接触只能产生弹性变形，达不到去除材料的效果；若磨粒以太大的力和较大刀具前角作用于工件表面，使工件凸起部分达到材料断裂极限，则会把工件微凸起部分去除，形成切屑而被黏弹性磨料介质带走。由于在磨粒流加工过程中磨料介质对工件表面的压力可达到数兆帕，因此现阶段不适用于薄壁低刚度结构件内表面抛光。金属增材制造叶盘磨粒流加工前后对比如图 5.10 所示。

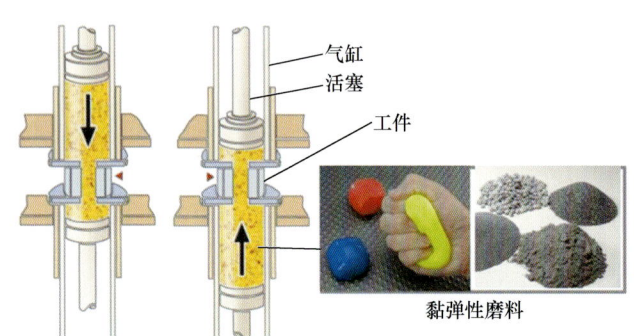

磨粒流加工

图 5.9　磨粒流加工过程示意

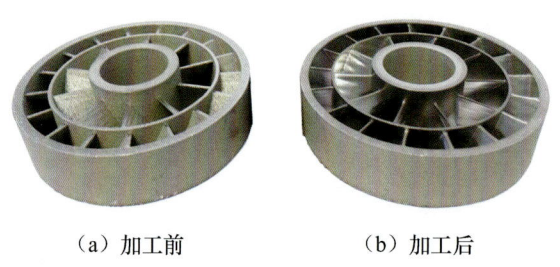

（a）加工前　　　（b）加工后

图 5.10　金属增材制造叶盘磨粒流加工前后对比

5.3.2　电解抛光

电解抛光（electrochemical polishing，ECP）又称电抛光，是利用金属表面微观凸起点在特定电解液中和适当电流密度下，首先发生阳极溶解的原理进行抛光的一种电解加工方法。

电解抛光的基本原理如图 5.11 所示。工件作为阳极，连接直流电源的正极；用铅、不锈钢等耐电解液腐蚀的导电材料作为阴极，接直流电源的负极。将二者浸入电解液（一般以硫酸、磷酸为基本成分）并相距一定距离，在一定温度、电压和电流密度（一般低于 $1A/cm^2$）下，通电一定的时间（一般为几十秒到几分钟），工件表面上的微小凸起部分溶解而逐渐变成平滑光亮的表面。

电解抛光时，在被抛光金属的表面发生以下反应：①阳极金属离子溶入电解液；②阳极表面生成钝化膜（黏性薄膜）；③阳极表面析出氧气。

因此，电解抛光时，靠近阳极的电解液层在工件表面形成一层厚度不均匀的黏性薄膜，工件表面凸起部分的薄膜受到电解液的冲刷作用，薄膜的厚度比凹陷部分小，而且由

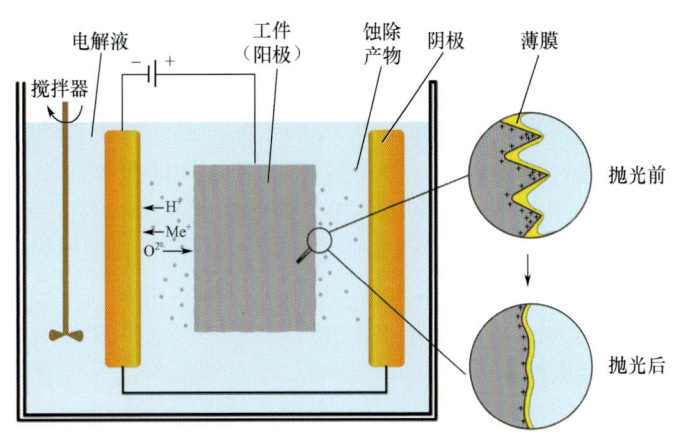

图 5.11 电解抛光的基本原理

于凸起部分形成电场集中,通过的电流密度大,因此凸起部分的溶解速率快;而凹陷部分由于受到电解液冲刷作用小,因此薄膜厚度大,电阻大,通过的电流密度小。这样工件表面形成溶解速率差异,最终使工件表面逐渐平整并呈金属光泽。图 5.12 所示为零件电解抛光前后对比。

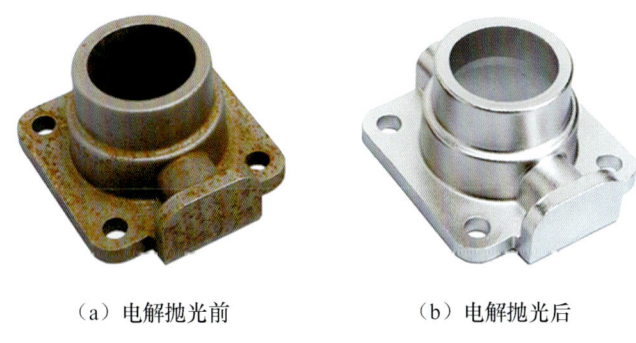

(a) 电解抛光前　　　　(b) 电解抛光后

图 5.12 零件电解抛光前后对比

电解抛光具有以下特点。
(1) 抛光表面不产生变质层,无附加应力,可去除或减小原有的应力层。
(2) 适用于难以用机械抛光的硬质材料、软质材料,以及薄壁、形状复杂、细小的零件和制品。
(3) 抛光时间短,可以多件同时抛光,生产效率高。
(4) 电解抛光所能达到的表面粗糙度与原始表面粗糙度有关,一般可提高两级。
由于电解抛光所使用的电解液具有通用性差、使用寿命短和强腐蚀性等缺点,因此电解抛光的应用范围受到一定限制。

5.3.3　电解质等离子抛光

电解质等离子抛光(electrolytic plasma polishing,EPP)是一种对金属零件表面进行抛光、清洗、去毛刺和光滑处理的新兴技术,具有抛光效率高、对环境友好、加工范围广等优点,在复杂形状零件的抛光方面,具有其他加工方法无法比拟的优势。由于使用的电解质一般为中性盐,因此电解质等离子抛光是一种绿色高效的表面加工技术。

电解质等离子抛光技术基于气液等离子发生原理,通过电解液在工件表面形成完整包裹工件的气膜,并激发到等离子态,使抛光后的工件表面粗糙度达到或者接近纳米级。

电解质等离子抛光原理及现场如图 5.13 所示。将待抛光的工件通过相应的工装夹具与电源正极相连作为阳极,电解液通过导电液槽与电源负极相连作为阴极。在抛光过程中,在电极两端施加 200~400V 的高电压。抛光前将电解池中的电解液加热到预先设定的温度(一般为 75~90℃),然后将工件缓慢放入电解液。由于工件与电解液直接接触,因此整个系统出现瞬时短路,从而释放出大量的热能,形成以水蒸气为主的气体包裹层(气膜),将工件与电解液完全隔开,同时极大地增大了工件与电解液之间的电阻,形成局部高压。在工件表面凸起尖点处,由于电力线集中,电场强度最高,气膜受极间高压电场的影响被电离击穿形成放电,在工件与电解液之间形成放电通道,通道内等离子体中大量的电子在电场力的驱动下,高速奔向并轰击工件表面,动能转换为热能,使工件表面凸起尖点被熔化蚀除。在电子高速轰击和电化学反应的联合作用下,工件表面粗糙度降低、表面光亮度提高,从而得到光滑、平整的工件表面。钛义齿电解质等离子抛光前后对比如图 5.14 所示。

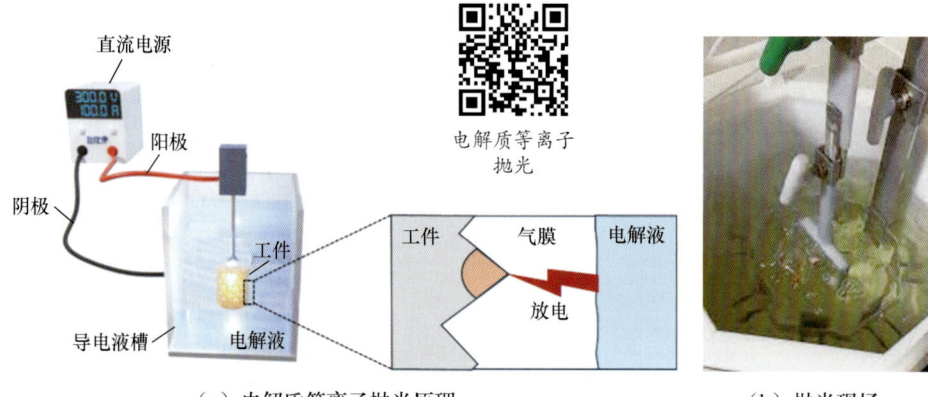

(a)电解质等离子抛光原理　　　　　　　(b)抛光现场

图 5.13　电解质等离子抛光原理及现场

义齿电解质等离子抛光

(a)电解质等离子抛光前　　　　　　　(b)电解质等离子抛光后

图 5.14　钛义齿电解质等离子抛光前后对比

电解质等离子抛光的特点如下。

(1)可抛光不同金属件。

(2)不受金属件形状的限制。

(3) 抛光效率高、一致性好。
(4) 电解液节能环保,可循环使用。
(5) 抛光效果和去除量可控。
(6) 抛光后零件表面不产生微裂纹和残余内应力。
(7) 可抛光内流道零件。
(8) 操作简单,抛光前不需要前处理。

目前,电解质等离子抛光已经广泛应用于航空航天、机械制造、增材制造、医疗、仪表、汽车等领域。

5.3.4 激光冲击强化

激光冲击强化(laser shock peening,LSP)是在传统喷丸基础上发展起来的一种通过材料塑性变形实现材料改性的技术,具有高能、高压、超高应变率及超短响应时间等特点。其利用强激光束产生的等离子冲击波,提高金属材料的耐疲劳、耐磨损和耐腐蚀能力。与现有的冷挤压、喷丸等材料表面强化手段相比,激光冲击强化具有非接触、无热影响区、可控性强及强化效果显著等突出优点。激光冲击强化大幅度提高了零件的疲劳寿命,在航空航天、石油、核电、汽车等领域具有广阔的应用前景。

激光冲击强化加工过程及界面应力分布如图 5.15 所示。为了产生更好的冲击效果,一般会在工件表面增加一层特殊的约束层(牺牲层),其吸收激光能量后气化产生冲击波并作用在工件上,形成内应力,产生形变。

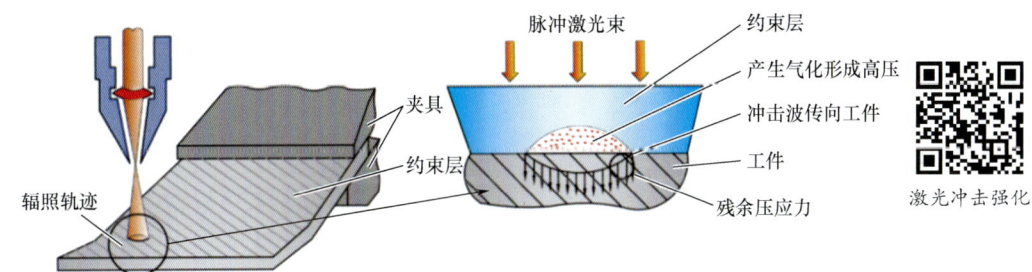

图 5.15 激光冲击强化加工过程及界面应力分布

激光冲击强化利用高峰值功率密度(大于 $10^9\,\mathrm{W/cm^2}$)短脉冲激光对工件表面进行辐照,激光穿过透明约束层照射到金属靶材表面的吸收层上。吸收层迅速气化形成高温高压的等离子体。在约束层的限制下,等离子体产生的冲击波定向作用于金属材料表面,使其发生塑性变形,形成残余压应力层,从而提高结构疲劳性能。激光冲击强化发动机叶轮现场及冲击表面如图 5.16 所示。

激光冲击波的力学效应在促进材料塑性变形、诱导生成残余压应力及促使晶粒细化等方面有重要作用,能使材料表层微观组织发生变化,并诱导生成 1~2mm 的残余压应力影响层(是机械喷丸的 5~10 倍),同时引入位错、孪晶、晶格畸变等结构缺陷,最终使材料表层晶粒细化,甚至出现纳米晶,从而显著提高材料耐疲劳、耐磨损及耐应力腐蚀等性能,故激光冲击强化是极端条件下的先进制造方法。此外,由于激光光斑尺寸和位置精确可控,因此激光冲击强化能够处理传统工艺无法处理的部位(小孔、倒角、焊缝及沟槽),且经激光冲击强化后,金属表面残留冲击坑深度仅为微米级,对零件表面质量的影响较

激光冲击强化
的应用

（a）激光冲击强化发动机叶轮现场

激光冲击间隔
2~5mm

（b）冲击表面

图 5.16　激光冲击强化发动机叶轮现场及冲击表面

小。金属增材制造较差的疲劳性能在一定程度上限制了其在航空航天关键零部件上的应用。现阶段，研究激光冲击强化技术对提高金属增材制造零部件的疲劳性能、拓宽增材制造的应用前景等具有重要意义。

5.4　检测与分析

5.4.1　尺寸检测与分析

尺寸检测与分析主要用于确认增材制造成形件的尺寸精度。测量仪器主要包括千分尺、游标卡尺、三坐标测量机、三维扫描仪等。测量前应将被测试件上的残留物和氧化皮等清理干净；如果原材料呈液态，那么测量前应将残留的液体材料完全去除；如果原材料呈粉末状，那么测量前应将残留粉末清理干净。三维扫描仪是增材制造成形件常用的检测仪器，在第 2 章已经专门论述，扫描后可得到三维点云数据，将三维点云数据与原模型对比，即可得到结构件每个部位的尺寸误差信息。采用三维扫描技术可以密集地获取大量目标对象的数据点，因此与传统的单点测量相比，是从单点测量进化到面测量的革命性技术突破。

5.4.2　性能检测与分析

增材制造性能检测包括拉伸试验、显微硬度试验、疲劳试验等。检测零件性能时，不直接检测零件，而是在以不破坏零件本身的情况下检测与分析性能。因此，在增材制造过程中，检测用的拉伸试棒、试块与零件一起在基板上成形。因为所处的成形环境相同，所以默认可以通过拉伸试棒、试块的检测数据判断零件的性能。

（1）拉伸试验。拉伸试验是指在承受轴向拉伸载荷下测定材料特性的试验方法。利用拉伸试验得到的数据可以确定材料的弹性极限、断后伸长率、弹性模量、比例极限、面积减小量、拉伸强度、屈服点、屈服强度和其他拉伸性能指标。在高温下进行拉伸试验，可以得到蠕变数据。拉伸试验可测定材料的一系列强度指标和塑性指标。

（2）显微硬度试验。显微硬度是一种压入硬度，反映被测物体对抗另一个硬物体压入的能力。显微硬度试验用的仪器是显微硬度计，它实际上是一台设有加负荷装置并带有目镜测微器的显微镜。试验前，将被测材料制成磨片试样并置于显微硬度计的载物台上，通过加负荷装置对四棱锥形金刚石压头加压，可根据被测材料的硬度增减负荷。金刚石压头压入试样后，在试样表面产生一个凹坑。把显微镜十字丝对准凹坑，用目镜测微器测量凹坑对角线的长度。根据负荷及凹坑对角线长度即可计算得到被测材料的显微硬度值。

（3）疲劳试验。疲劳试验可以测定金属材料在室温状态下的拉伸、压缩或拉压交变负荷的疲劳特性与疲劳寿命、裂纹扩展情况。在拉伸和压缩的交织过程中，金属零件外形的凸起变化、表面的刻痕与刮擦或内部缺陷孔隙等都可能引起很大的应力集中，从而引发微裂纹。分散的微裂纹逐渐长大会聚成团，形成宏观裂纹；宏观裂纹缓慢扩展，零件的横截面积逐步减小；当积累到一定限度时，零件失效瞬间断裂。这种因受交变应力引起的失效现象称为金属疲劳。当零件断裂时，可以从断口观察到裂纹延展区和断裂区，通过扫描电镜等仪器观察断口的微观组织形貌，确定是韧性断裂还是脆性断裂，从而对零件材料进行优化或者二次开发以提高疲劳极限。约70%的机械零件失效都是疲劳引起的，疲劳失效往往发生在一瞬间，造成的事故是毁灭性的。因此，对金属增材制造零件进行疲劳试验非常重要。

5.4.3　无损检测与分析

1. 增材制造缺陷

在增材制造过程中产生的典型缺陷主要有气孔、未熔合孔洞和裂纹三种。

（1）气孔。

气孔形状比较规则，多为球状，直径一般较小（小于100μm），如图5.17所示。气孔一般是由能量输入过多或工艺过程不稳定导致气体残留在熔池内部形成的。一方面，增材制造过程中材料熔化和凝固速率极高，熔池内的气体在凝固过程中没有充足的溢出时间；另一方面，材料熔化过程中熔池温度较高，气体在熔池内部的溶解度较高，随着熔池的冷却，气体在熔池内部的溶解度减小，增加了气体残留的可能。

图5.17　增材制造中的气孔

此外，增材制造用粉末材料在制备过程中自身可能存在气孔，尤其对于气雾化制备的粉末材料，制备过程处在氩气保护范围内，在凝固过程中不可避免地会有微量的氩气包含在内部。气孔一般在成形件内部随机分布，难以彻底消除。

（2）未熔合孔洞。

未熔合孔洞形状不规则且尺寸较大，通常包含较多未熔化粉末颗粒，如图5.18所示。

这类缺陷主要是由成形过程中能量输入不足，粉末材料未完全熔化或熔融金属搭接不足形成的。在增材制造过程中，当能量输入不足时，熔池宽度不足，各扫描线之间未能形成良好的搭接，导致相邻扫描线之间存在大量未熔颗粒；在后一层的沉积过程中，如果保持前一层的输入能量不变，那么很难熔化扫描线之间的残余粉末，从而形成较大的孔洞缺陷。另外，若能量输入不足导致熔池深度不足，则层与层之间难以形成紧密重熔，导致层间结合不良，形成较大的层间未熔合缺陷。此外，在形成未熔合孔洞的地方，随着后续沉积过程的进行，缺陷处表面质量较差，熔融金属流动性差，使得缺陷逐渐向上扩展，形成尺寸较大的穿层缺陷。因此，未熔合孔洞多包含未熔化粉末，且主要分布于扫描线之间及各沉积层之间。

（3）裂纹。

裂纹（图 5.19）是增材制造过程中破坏性最大的一种缺陷。

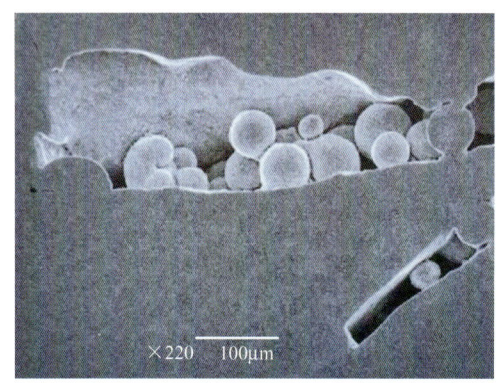

图 5.18　增材制造中的未熔合孔洞

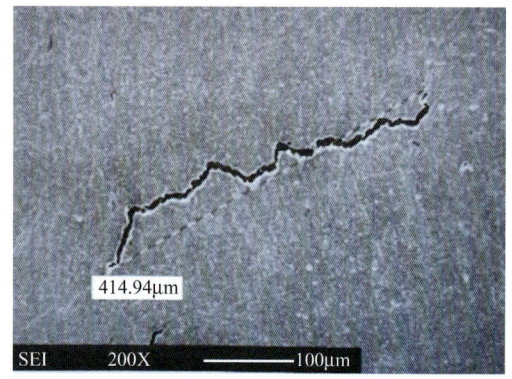

图 5.19　增材制造中的裂纹

裂纹的产生是材料物理性能和残余应力综合作用的结果。在增材制造过程中，高能束能量非常集中，材料局部区域能量输入较高，使熔池及其附近部位被迅速加热并局部熔化。这部分因受热而膨胀的材料受到周围温度较低区域的约束，产生压应力。同时，由于温度升高后材料的屈服强度下降，因此这部分受热区域的压应力会超过其屈服强度，从而转变为塑性的热压缩，冷却后相对周围区域缩短、变窄或减小，同时在冷却凝固时受到基体材料冷却收缩的约束，在熔覆层中形成残余应力。当残余应力超过材料强度极限时，则会产生裂纹。

此外，不锈钢和镍基高温合金等导热系数较低、热膨胀系数较高的金属材料更易出现裂纹。通过对基板进行适当的预热，提高成形时的环境温度，从而降低工件成形时的冷却速率，减小成形件中的温度梯度，可以减少裂纹的产生。

2. 增材制造无损检测

增材制造零件内部缺陷检测是质量控制的必要环节。内部缺陷的控制及尺寸精度的评价等问题是增材制造面临的挑战，也是制约其走向广泛应用的因素。

增材制造零件的结构复杂，导致常规检测手段面临可达性差、检测盲区大等问题，给无损检测带来很大挑战；增材制造大型整体结构具有外形尺寸大、以框梁结构为主等特点，需要大型检测设备且检测效率较低；增材制造的精细结构复杂，导致对其外形尺寸及内腔结构等的精密测量成为难点,需要采用更精密的无损检测技术。

目前,应用在增材制造中的无损检测方法主要包括**超声检测、射线检测、工业 CT 检测、脉冲红外热波检测、涡流检测、渗透检验和磁粉检测等**。

(1) 超声检测。

超声波是频率大于 20kHz 的声波。超声波与普通声波一样,可以在气体、液体和固体介质中传播。在常用的超声检测系统中,用电脉冲激励超声探头中的压电晶片,使其产生高频机械振动,这种振动在与其接触的介质中传播而形成超声波。当超声波在工件中传播时,如遇到某些缺陷,其传播方向或特征就改变,这种改变会被检测设备检测到,检测人员可以对其进行分析与处理,评估工件及其内部存在的缺陷。

以脉冲反射技术为例,如图 5.20 所示,声源产生的脉冲被引入检测的工件后,若材料是均质的,则声波沿一定的方向以恒定的速度向前传播。随着距离的增大,声波的强度因扩散和材料内部的散射、吸收而逐渐减小。当遇到两侧声阻抗(密度与声速的乘积)有差异的界面时,部分声能被反射。这种界面可能是材料中某种缺陷(不连续),如裂纹、分层、孔洞等,也可能是工件的外表面与空气或水的界面。反射的程度取决于界面两侧声阻抗差异,而在金属与气体的界面几乎全部反射。

当工件中不存在缺陷时,显示屏上仅有发射脉冲和底面回波两个信号;而当工件中存在缺陷时,在发射脉冲与底面回波间将出现缺陷回波。依据缺陷回波高度,可对缺陷的尺寸进行评估;依据缺陷回波距发射脉冲的时间,可得到缺陷的隐藏深度。

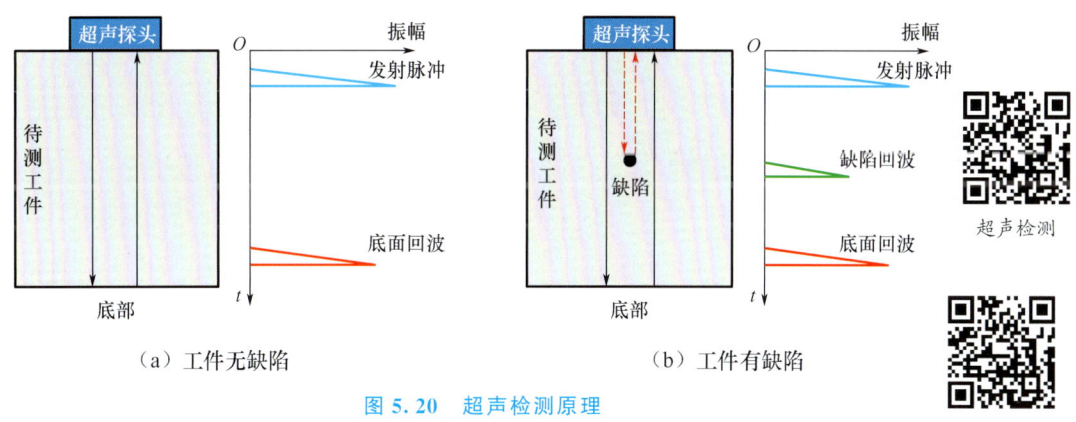

图 5.20 超声检测原理

(2) 射线检测。

射线检测原理如图 5.21 所示。射线是具有穿透不透明物体能力的辐射,本质上是利用电磁波或者电磁辐射(X 射线和 γ 射线)的能量穿过被检测工件,并在胶片上留下影像。射线在穿透工件的过程中会与物质发生相互作用,因吸收和散射而使强度减弱。强度衰减程度取决于物质的衰减系数和射线在物质中穿透的厚度。如果被透照工件的局部存在缺陷,且构成缺陷的物质的衰减系数不同于工件(如在焊缝中,气孔里面的空气衰减系数远远低于钢的衰减系数),该局部区域的透过射线强度就会与周围产生差异。把胶片放在适当位置使其在透过射线的作

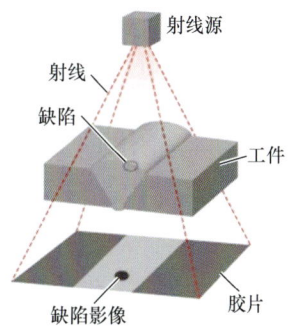

图 5.21 射线检测原理

用下感光，经过暗室处理后得到底片。射线穿透工件后，由于缺陷部位和完好部位的透过射线强度不同，因此底片上相应部位会出现黑度差异。检测人员通过观察底片，可以识别缺陷的位置和性质。

（3）工业 CT 检测。

工业 CT 检测又称**计算机层析成像检测**，是一种在不破坏物体结构的前提下，根据穿透物体所获取的某种物理量的投影数据（通常为 X 射线衰减后的强度），运用一定的数学方法，通过计算机处理，重建物体特定层面上的二维图像并依据一系列上述二维图像构成三维图像的技术。工业 CT 扫描系统如图 5.22 所示，具体扫描实施步骤如下：首先采集图像，在检测范围内 360°旋转工件并用 X 射线照射，每个角度采集一幅二维投影图像；然后重建数据，将采集到的二维投影图像经过计算机数据重建，获得三维 CT 体数据；最后进行可视化分析，采用专用软件对数据进行可视化分析。

工业 CT 检测是射线检测中的一项先进技术。工业 CT 检测可用于增材制造粉末及成形件的内部缺陷检测，也可用于零件外观尺寸测量乃至表面粗糙度检测。通过工业 CT 检测系统获得的增材制造钛合金件的孔隙缺陷图如图 5.23 所示。

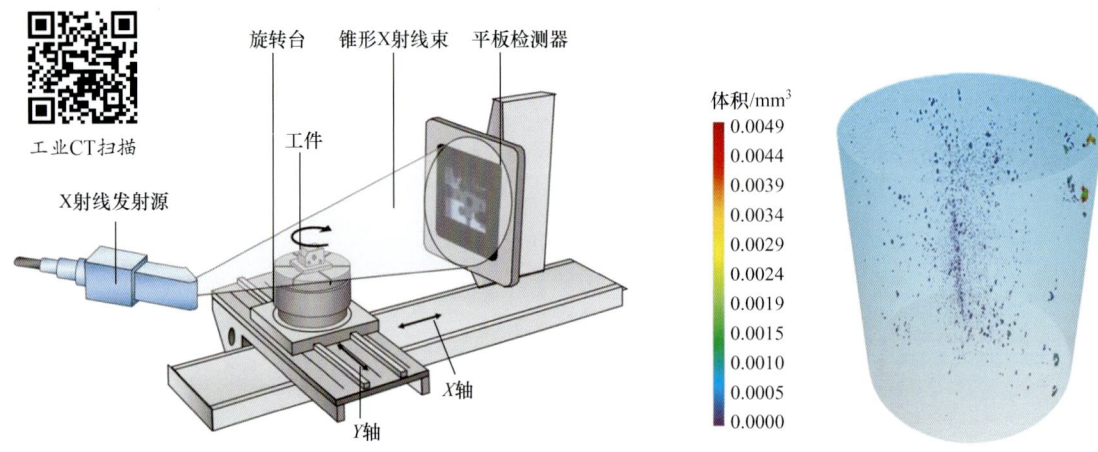

图 5.22　工业 CT 扫描系统　　　　　图 5.23　增材制造钛合金件的孔隙缺陷图

（4）脉冲红外热波检测。

脉冲红外热波检测是一种利用主动热激励技术对物体进行检测的方法，其原理基于热波的传播和红外热成像技术。脉冲红外热波检测原理如图 5.24 所示。脉冲红外热波通过闪光灯输出脉冲式热源，对工件进行激励，工件中的损伤部位与无损伤部位热流的不均匀性引起表面温度变化，红外摄像机记录温度变化并生成热成像图像，然后通过数据采集计算机进行分析处理，以探明损伤、识别缺陷。脉冲红外热波检测依赖辐射信号强度信息，其中热波传导的指数衰减限制了探测的深度；此外，材料表面红外发射率低和反射率高会影响检测性能。

脉冲红外热波检测的实施过程包括以下关键步骤。

① 脉冲热源激励。通过脉冲式热源对物体进行激励，使物体内部产生热波。

② 表面温度变化检测。材料中的损伤部位与无损伤部位的热流不均匀性会引起表面温度变化，用于探伤和缺陷检测。

③ 红外热像记录与分析。利用红外热像仪记录物体表面温度场的变化过程，并通过

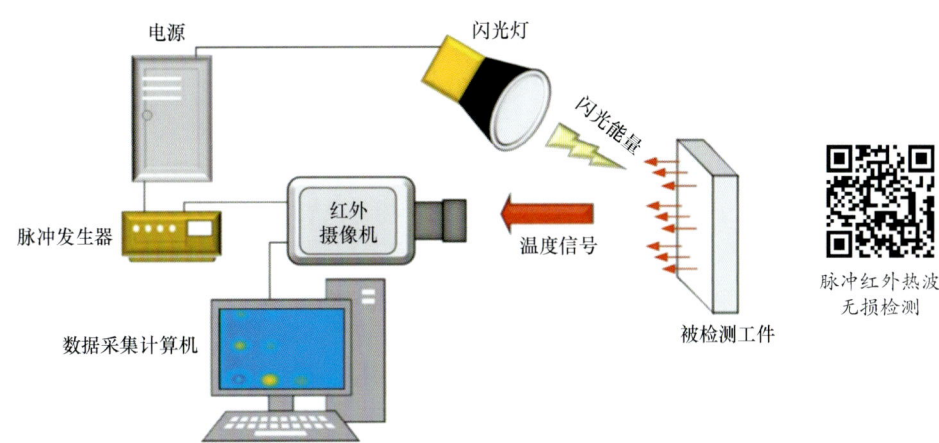

图 5.24 脉冲红外热波检测原理

红外热像序列处理提取与内部缺陷或结构对应的特征信号。

④ 缺陷诊断。分析提取的特征信号，可以对内部缺陷或物理特性进行定量的检测和诊断。

脉冲红外热波检测涉及瞬态传热、弹性振动、红外光学、信号处理和图像处理等学科领域的知识，其优势在于快速、非接触、灵敏度高，适用于工程材料的无损检测，包括航空航天结构产品的全生命周期各个阶段和工序过程的检测。

（5）涡流检测。

涡流检测是基于电磁感应原理的一种无损检测方法，其原理如图 5.25 所示。将通有交流电的线圈接近被检测导体，受电磁感应作用，线圈产生交变磁场，使导体中产生涡流，该涡流也会产生磁场，涡流磁场会影响线圈磁场的强度，进而导致线圈电压和阻抗变化。导体表面或近表面的缺陷会影响涡流的强度和分布，涡流的变化又会引起线圈电压和阻抗的变化，根据该变化推知导体中的缺陷。图 5.26 所示为涡流检测有缺陷工件的信号差异。

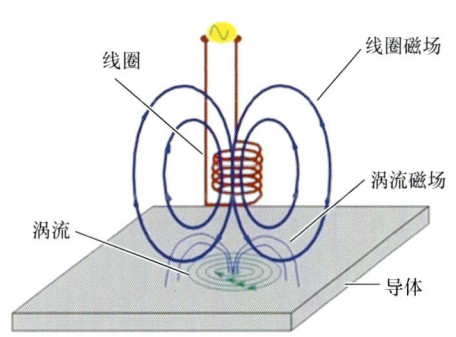

图 5.25 涡流检测原理

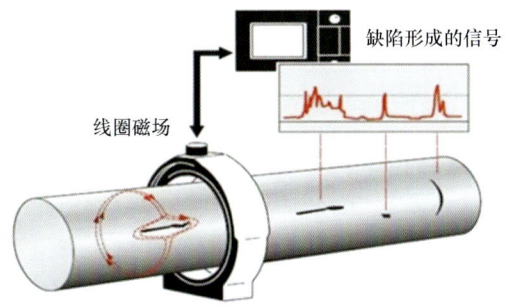

图 5.26 涡流检测有缺陷工件的信号差异

涡流检测可用于检测导体表面或近表面的折叠、裂纹、孔洞和夹杂等缺陷，也可用于测量或鉴别电导率、磁导率、晶粒尺寸、热处理状态、硬度，还可用于测量非铁磁性金属基体上非导电涂层的厚度及铁磁性金属基体非铁磁性覆盖层的厚度。

（6）渗透检测。

渗透检测即渗透探伤，将细管插入液体，受表面张力和附着力的作用，管内的液体可能呈凹面而上升（当液体润湿管子时），也可能呈凸面而下降（当液体不润湿管子时），这种现象称为毛细管现象，或称毛细管作用。渗透检测是基于毛细管现象揭示非多孔性固体材料表面开口缺陷的无损检测方法。渗透检测过程如图 5.27 所示。渗透检测原理如下：受毛细管作用，涂覆在洁净、干燥零件表面的荧光（或着色）渗透剂渗入表面开口缺陷；去除零件表面的多余渗透剂，并施加薄层显像剂，缺陷中的渗透剂回渗到零件表面，并被显像剂吸附，形成放大的缺陷显示；在光下观察，可确定零件缺陷的分布、形状、尺寸和性质等。

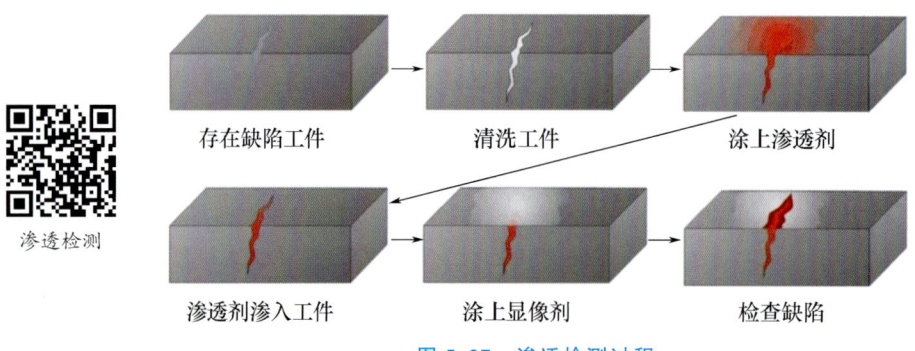

图 5.27　渗透检测过程

渗透检测通常用于非吸收性开口缺陷的检测，并且不受被检测对象的形状特征和尺寸影响，可全方位检测被检测对象的缺陷，同时对检测对象无损伤，瓶装清洗剂、渗透剂和显像剂方便携带。但是渗透检测使用化学试剂，对人体和环境有害，且检测工序烦琐、费时，可重复性差。

（7）磁粉检测。

若铁磁性材料表面或近表面存在缺陷，则工件被磁化后，工件表面和近表面的磁力线发生局部畸变，从而产生漏磁场，漏磁场吸附施加在工件表面的磁粉，在合适的光照下形成肉眼可见的磁痕，从而显示缺陷的位置、尺寸、形状和严重程度。磁粉检测示意如图 5.28 所示。

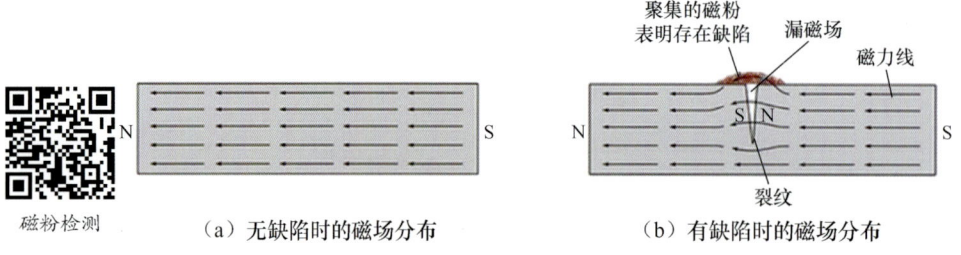

图 5.28　磁粉检测示意

(8) 增材制造无损检测方法选择。

对增材制造零件内部缺陷的检测可采用超声检测、射线检测和工业 CT 检测，但上述方法都存在一定的局限性，如超声检测不适宜检测形状复杂的零件，射线检测和工业 CT 检测灵敏度随零件厚度的增大而显著降低。因此，对于形状简单的增材制造零件，推荐以超声检测为主，射线检测、工业 CT 检测为辅；对于形状复杂且厚度较小的增材制造镂空结构，工业 CT 检测效果较好。

对于增材制造零件表面和近表面缺陷，渗透检测基本不受形状复杂性的影响，是较适宜的检测方式；但渗透检测不能发现表面的闭合缺陷，必要时可辅以涡流检测，对铁磁性材料可辅以磁粉检测。

思考题

1. 增材制造后处理主要包括哪些工序？
2. 说明光固化陶瓷件脱脂、烧结处理的具体作用。
3. 选区激光烧结后的原型或零件的坯体一般采用哪些后处理工艺？请简述这些工艺的内容及目的。
4. 简述熔化成形金属件热等静压处理的目的及具体方法。
5. 简述电解质等离子抛光的原理及特点。
6. 增材制造过程中产生的典型缺陷主要有哪几种？
7. 应用在增材制造中的无损检测方法主要有哪些？简述各种方法的原理。

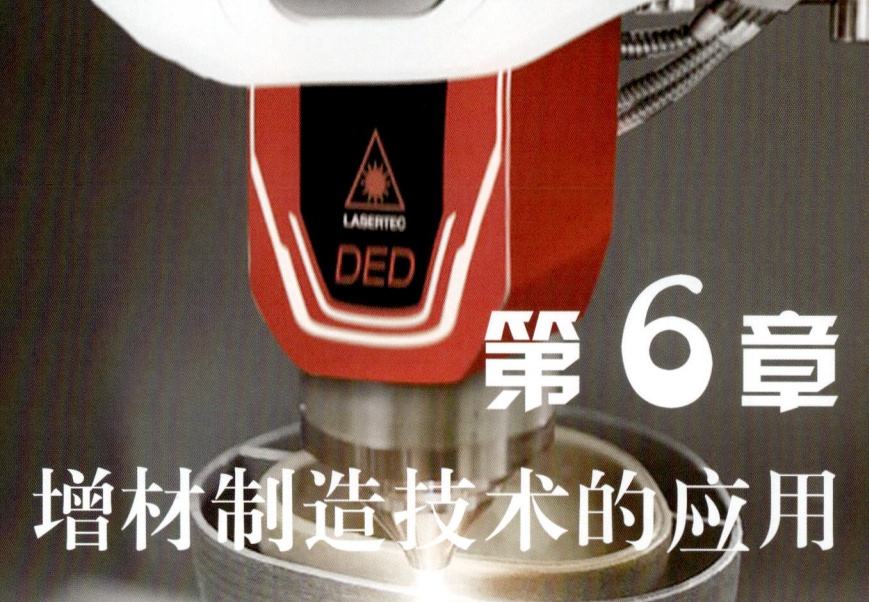

第 6 章 增材制造技术的应用

◇ **本章教学要求**

教学目标	知识目标	1. 熟悉增材制造技术在航空航天领域的应用。 2. 了解增材制造技术在生物医学领域的应用。 3. 了解增材制造技术在汽车行业的应用。 4. 掌握增材制造技术在金属铸造领域的应用。 5. 了解增材制造技术在其他领域的应用
	能力目标	1. 对于金属增材制造技术的应用有较深入的了解。 2. 掌握增材制造技术在金属铸造领域的应用,熟悉增材制造技术与金属铸造之间的联系。 3. 拓展思维,进一步寻找其他增材制造的工艺与方法
教学内容		1. 增材制造技术在航空航天领域的应用。 2. 增材制造技术在生物医学领域的应用。 3. 增材制造技术在汽车行业的应用。 4. 增材制造技术在金属铸造领域的应用。 5. 增材制造技术在其他领域的应用
重点难点及解决方法		1. 对于增材制造技术在航空航天领域的应用,结合航空航天领域的需求与增材制造技术的特点及应用实例进行讲解。 2. 对于增材制造技术在金属铸造领域的应用,通过砂型铸造和熔模铸造的实例进行讲解
学时分配		授课 3 学时

增材制造技术是颠覆性的先进制造技术，目前广泛应用于航空航天、汽车、船舶、国防军工、能源、轨道交通、石油化工、医疗、电子、模具、文化创意、建筑等领域。2021年全球增材制造主要应用领域及其占比如图6.1所示。2022年全球增材制造市场规模为180亿美元，预计到2030年达到近千亿美元。

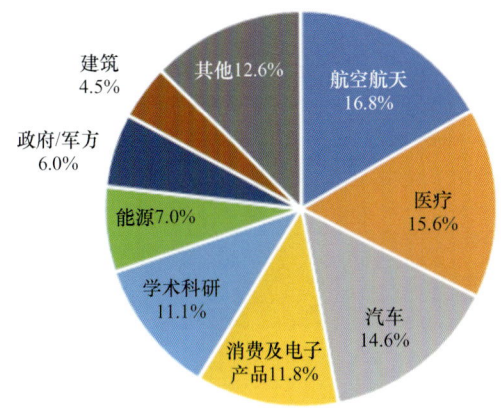

图6.1 2021年全球增材制造主要应用领域及其占比

目前，增材制造技术在可加工材料、加工精度、表面粗糙度、加工效率等方面与传统精密加工技术相比还存在较大差距，但因其具有全新的技术原理和特点，故在多种应用场景中表现出明显的优势，可作为传统精密加工技术的补充。

6.1 增材制造技术在航空航天领域的应用

目前，先进的航空航天飞行器越来越轻、机动性越来越好，对结构件提出了如下要求：轻量化、整体化、长使用寿命、高可靠性、结构功能一体化、低运行成本。而增材制造技术恰好能满足这些要求。具体地说，增材制造在航空航天领域的应用主要包括以下几个方面。

1. 大型整体结构件、承力件的加工，缩短加工周期，降低加工成本

为提高结构的使用效率、减轻结构质量、简化制造工艺，国内外飞行器越来越多地采用大型整体钛合金结构，但这类结构给加工带来了极大困难。美国F35战斗机的主承力构架要靠几万吨级的水压机压制成形，然后切削、打磨，不仅制作周期长，而且浪费了大量原材料，约70%的钛合金在加工过程中成为边角废料，而在构件组装时还要消耗额外的连接材料，导致最终成形的构件比增材制造的构件重约30%。图6.2所示为北京航空航天大学在2013年北京国际科技产业博览会展示的利用LENS成形的飞机钛合金主承力构件加强框，它是歼-31战斗机"眼镜式"钛合金主承力构件加强框，与锻件相比，零件材料利用率提高了5倍、制造周期缩短了2/3、制造成本减少了一半以上。该结构件通过了装机评审，使我国成为当时世界上唯一掌握飞机钛合金大型主承力结构件激光增材制造技术并实现装机应用的国家。图6.3所示为西北工业大学利用LENS制造的C919大飞机中央翼缘条（尺寸为450mm×350mm×3000mm）。南京航空航天大学对大型钛合金航空件增材

制造技术进行了深入研究,通过优化成形工艺克服了成形过程中热应力变形的难题,图 6.4 所示为利用 LENS 成形的大型钛合金航空用吊框零件(尺寸为 500mm×440mm×120mm),经验证该零件的静力学性能超过锻造水平。

激光近净成形
火箭壳体

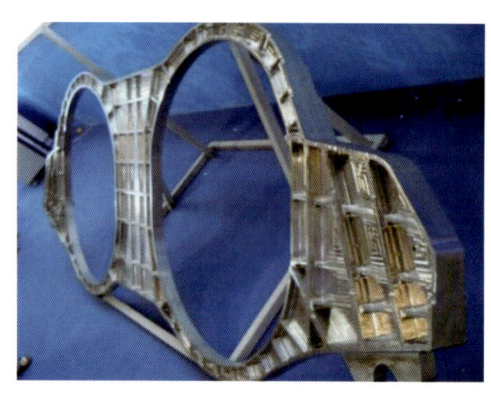

图 6.2　利用 LENS 成形的飞机钛合金主承力构件加强框

图 6.3　利用 LENS 制造的 C919
大飞机中央翼缘条

图 6.4　利用 LENS 成形的大型钛合金
航空用吊框零件

美国国家航空航天局兰利研究中心较早开展了针对大型金属构件的 EBF 研究,并研制了六自由度的 EBF 设备,配备了尺寸为 2.7m×2.5m×2m 的真空仓,可实现大型航空结构件的修复与制造。美国 Sciaky 公司生产的 EBF 系统可加工零件的最大尺寸为 5.79m×1.22m×1.22m,回转结构的最大直径为 ϕ2.44m,可加工钛合金、钽合金、镍基合金等材料。图 6.5 所示为 Sciaky 公司制造的大型航空推进剂钛合金储存罐。中国航空制造技术研究院是国内开展 EBF 研究的单位之一,开发了国内首台电子束熔丝成形设备,并陆续开展了 TC4 钛合金、TC18 钛合金及 A100 超高强钢零件的增材制造,获得了装机应用。

图 6.6 所示为荷兰 RAMLAB 公司利用 WAAM 生产的直径 ϕ1350mm、质量约为 400kg 的全尺寸镍铝青铜船舶螺旋桨。Cilia 等利用 WAAM 生产了拖船用螺旋桨,并获得了船级社认证。国内相关单位也开展了相关研究。华中科技大学的 He 等利用 WAAM 成形出尺寸为 760mm×37mm×36mm 的 GH4169 航天舱零件,其抗拉强度、屈服强度、延伸率等力学性能优于传统铸造件,材料利用率高达 75%。然而,在 WAAM 成形过程中,随着层数的增加,成形件热积累严重,边缘形貌与成形尺寸控制困难,成形件表面质量较差。

中国国家增材制造创新中心、西安交通大学卢秉恒院士等利用电弧熔丝增减材一体化

图 6.5 Sciaky 公司制造的大型航空推进剂钛合金储存罐

电弧熔丝增材
制造全尺寸
螺旋桨

（a）生产现场　　　　　　　　（b）船舶螺旋桨

图 6.6 RAMLAB 公司利用 WAAM 生产的全尺寸镍铝青铜船舶螺旋桨

制造技术，制造了世界上首个 ϕ10m 级高强铝合金重型运载火箭连接环样件（图 6.7），其在整体制造的工艺稳定性、精度控制及变形与应力调控等方面均实现了重大技术突破。

为解决我国新一代载人飞船返回过程中防热大底部位承受最恶劣气动力和气动热过程的问题，中国航天科技集团有限公司第五研究所的技术团队采用"化整为零"思路，尝试采用激光增材制造技术实现"好、快、廉"的设计目标。该技术既能适应设计方案的快速优化与迭代，实现应对载荷分布的轻量化设计，又能同步开展超大尺寸钛合金框架增材制造工艺的研究，缩短了研制周期，提高了研制成品率，降低了生产成本。图 6.8 所示为新一代载人飞船返回舱及利用激光增材制造生产的返回舱防热大底框架（ϕ4m 钛合金框架）。

2. 优化结构设计，减轻结构质量，节约昂贵航空材料，降低加工成本

结构质量的减轻是航空航天器的重要技术需求，目前传统制造技术在此方面的能力已接近极限，难有更大作为，而高性能金属增材制造技术可以在获得相同性能或更高性能的前提下，通过最优化的结构设计显著减轻金属结构件的质量。根据欧洲宇航防务集团的介

增材制造火箭壳体

图 6.7　φ10m 级高强铝合金重型运载火箭连接环样件

（a）新一代载人飞船返回舱　　　　（b）返回舱防热大底框架

图 6.8　新一代载人飞船返回舱及利用激光增材制造生产的返回舱防热大底框架

绍，如果飞机减重 1kg，每年就可以节省 3000 美元的燃料费用。欧洲宇航防务集团为空客公司进行结构优化后利用 SLM 制造的机翼支架（图 6.9），比之前使用的铸造支架减重约 40%，而且应力分布更加均匀。图 6.10 所示为飞机支架的拓扑优化结构，比传统支架质量减少约 70%。图 6.11 所示为美国通用航空公司利用增材制造技术生产的燃油喷嘴，这个部件之前由 20 个零件组成，结构优化后通过增材制造整合为 1 个部件，质量减少 25%，提升了燃油效率，提高了发动机的可靠性，使用寿命提高 5 倍以上。2018 年 5 月 21 日，中国"嫦娥四号"月球探测器的中继卫星——"鹊桥"在西昌卫星发射中心成功发射。图 6.12 所示为"鹊桥"斜动量轮支架。该支架通过拓扑优化设计和增材制造技术生产，其强度和精度满足卫星产品研制的各项标准，并且减重效果明显（成功减重 50%），降低了卫星发射成本。

　　碳纤维复合材料作为一种高性能材料，在航空航天领域的应用越来越广泛，其中连续纤维增强热塑性复合材料的增材制造技术为制备轻量化、高性能的多尺度结构提供了新的技术途径，可以同时实现微观纤维取向与宏观拓扑结构。西安交通大学李涤尘、田小永团队开展了连续纤维增强 PEEK（聚醚醚酮）基复合材料增材制造技术研究，制备的样件如图 6.13 所示，其综合力学性能比纯 PEEK 材料制件提高 50% 以上，并且制件的耐磨性、耐热性和尺寸稳定性都得到了提高，能够更好地适应空天的复杂气流与温度环境。该技术可以应用于航空航天器承载结构件或耐热等功能结构件的制造，在满足需求的同时实现减重的目标，典型应用有飞机事故记录器（黑匣子）外罩、气流管道和流体阀体等。

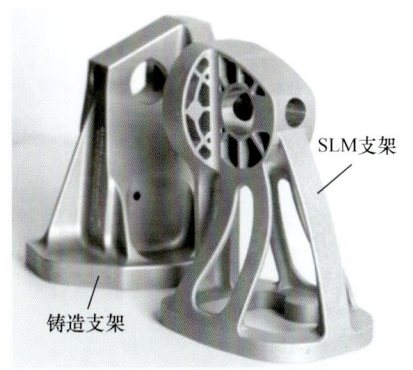

图 6.9　利用 SLM 制造的机翼支架及铸造机翼支架

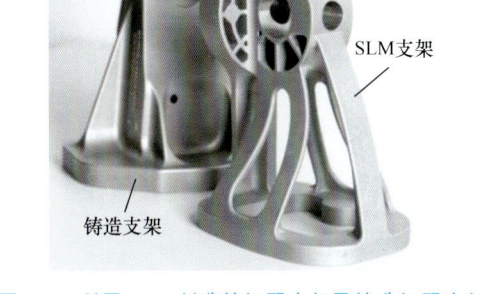

图 6.10　飞机支架的拓扑优化结构

选区激光熔化的应用

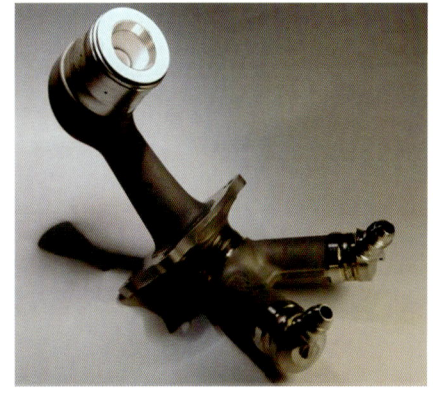

图 6.11　利用增材制造技术生产的燃油喷嘴

图 6.12　"鹊桥"斜动量轮支架

3. 加工形状复杂、具有薄壁特征的功能性部件，突破传统加工技术带来的设计约束

新型航空航天器常需复杂的内流道结构，以利于实现更理想的温度控制及更优化的力学结构，避免危险的共振效应，并使同一零件不同部位承受不同的应力状态。增材制造有别于传统机械加工方法，可以几乎不受零件形状的限制，获得最合理的应力分布结构，并通过合理的复杂内流道结构实现理想的温度控制；还可以通过复合不同的材料，实现同一零件不同部位的功能需求。图 6.14 所示为美国通用航空公司利用 SLM 成形的内置流道的航空发动机叶片。图 6.15 所示为美国国家航空航天局利用增材制造技术生产的运载火箭喷嘴，且成功通过了测试。

推力室是为火箭发动机提供动力的核心组件，其内部结构和传统生产工序复杂，成本较高。中国首都航天机械有限公司针对铜合金增材制造的特点，充分研究了激光功率等不同工艺参数对成形规律的影响，提出专用设备的集成方案，最终实现了某型火箭发动机推力室试验件的整体增材制造，如图 6.16 所示。该产品直径达 $\phi 600\text{mm}$，高度达 850mm，填补了国内大尺寸铬锆铜合金 SLM 增材制造领域的空白。

4. 加速新型航空航天器的研发

在新型航空航天器的研发过程中，一般需要对优化设计过的结构进行验证，而验证往往需要对结构进行单件或小批量生产加工。在单件、小批量生产加工中，稍微复杂的工件需要多个工位配合，模具设计与制作等周期较长，最终造成整个零件的生产周期较长、加工效率较低。增材制造能够将非标准零件快速制造成形，无须或仅需简单的后处理即可投入使用，生产周期短，加工效率高，加工成本低，与传统制造方法相比省去了模具制作等流程，在单件、小批量生产加工中具有较大的优势。高的加工效率可以实现对优化结构性能的快速验证，显著提高了新型航空航天器的研发效率。

图 6.13 由连续纤维增强 PEEK 基复合材料制备的样件

图 6.14 利用 SLM 成形的内置流道的航空发动机叶片

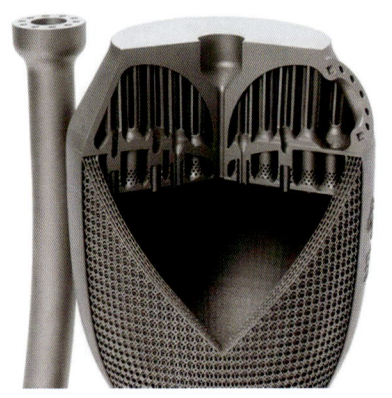

图 6.15 利用增材制造技术生产的运载火箭喷嘴

图 6.16 利用 SLM 成形的铬锆铜合金火箭发动机推力室试验件

随着卫星快速组网、远地小行星探测的需求不断增加，空间探测进入快速发展时期，对航天器尤其是空间推进系统的响应速度、经济性和可持续性提出了更高的要求。作为航天器的核心构件，空间推进系统在姿态调节、轨道控制等方面起到至关重要的作用，其发展方向为轻量化、长使用寿命、可重复使用、快速迭代及定制化。星河动力（北京）空间科技有限公司研制的"谷神星一号"商业运载火箭采用增材制造方案，阀门集成化管路连接点减少30%，大幅度提升了可靠性，其轨控发动机（图6.17）是我国首次完全采用增材制造方案的轨控发动机。湖南华曙高科技股份有限公司的研发团队为江苏深蓝航天有限公司制造的发动机喷管一体化火箭发动机的零部件大大减少，提高了产品的可靠性及金属增材制造的成形效率，成功将某大型火箭发动机收扩段零件（直径约ϕ600mm，高度约780mm，材质IN718）金属增材制造的成形效率提高3倍以上。火箭发动机及其收扩段零件如图6.18所示。

图6.17 "谷神星一号"四级轨控发动机

图6.18 火箭发动机及其收扩段零件

高性能金属增材制造技术摆脱了常规研发生产中模具制造这一迟滞研发时间的关键环节，兼顾了高精度、高性能、高柔性，可以快速制造结构十分复杂的金属零件，为先进航空航天器的快速研发提供了有力的技术保障。

5. 零件简约化、一体化，缩短加工周期，提高零件性能

激光增材制造可以一次性整体成形过去需由众多零件装配而成的结构件，还可以快速制造出镍基高温合金单晶叶片、整体叶盘、增压涡轮等发动机关键部件，实现去连接件化，有效减小机身及发动机的质量，缩短生产周期，提高零件的整体性能。图6.19所示为中国西安铂力特增材技术股份有限公司展出的利用LENS制造的整体叶盘。图6.20所示为2015年4月通过美国联邦航空管理局认证的通用航空公司制造的喷气发动机零件——压缩机入口温度传感器外壳，该零件也是利用LENS制造的。

航空发动机的燃油喷嘴、轴承座、控制壳体、叶片等零件内部具有复杂油路、气路和型腔，为提高效能，需进行结构创新设计，增大了结构的复杂性和制造难度。而增材制造技术可满足快速研制航空发动机控制系统复杂构件的需求，促进了航空发动机控制系统向轻量化、集约化、高性能、高可靠性方向发展，推动了复杂关键零部件、组件的创新研发与应用，不仅可以缩短研制周期，还可以降低研发成本，大幅度提升航空发动机系统研发

效能。图 6.21 所示为利用金属增材制造技术生产的具有复杂内部结构的航空发动机部件。

图 6.19　利用 LENS 制造的整体叶盘

图 6.20　利用 LENS 制造的压缩机入口温度传感器外壳

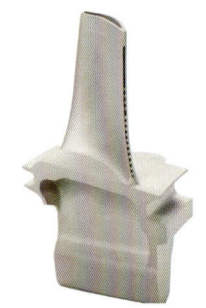

（a）涡轮动叶片

（b）发动机泵蜗壳

图 6.21　利用金属增材制造技术生产的具有复杂内部结构的航空发动机部件

6. 通过激光组合制造技术改造并提升传统制造技术，实现组合加工

为使机械加工、铸造和锻造等传统制造技术更好地发挥作用，可以采用激光组合制造技术。一方面，激光增材制造技术可以实现异质材料的高性能结合，可以在由铸造、锻造和机械加工等传统技术制造的零件上任意添加精细结构，并且使其具有与整体制造相当的力学性能；另一方面，采用激光增材制造技术可以制造毛坯，然后用减材制造方法进行后处理。这样可以把增材制造技术成形复杂精细结构、直接近净成形的优点与传统制造技术的高效率、低成本、高精度、优良的表面质量等优势结合起来，形成最佳制造策略。图 6.22 所示为德国德玛吉机床加工机匣的加工现场，该机匣采用 LENS 加工和数控加工增减材组合加工。

对于航天器的舱体结构，由于铸件无法达到质量要求，因此传统制造方法是锻件坯料的减材制造，但是舱段内部结构复杂，减材制造生产工序复杂、产生大量加工废料，而且生产周期长。采用电弧增材制造技术，后期只需通过简单的减材加工即可得到航天器的舱体结构件，可缩短生产周期并提升产品性能。南京英尼格玛工业自动化技术有限公司研究了影响电弧增材交叉结构成形缺陷的机理和控制方法，并通过工艺选择、参数调控、路径优化等方法调节成形过程的热输入量，从而对交叉结构零件成形精度进行调控，开发了全

多束激光选区激光熔化与激光增材制造组合制造

（a）LENS加工　　　（b）数控加工

图 6.22　德国德玛吉机床加工机匣的加工现场

数字化过程质量监控超大型模块化电弧增材装备，可在横向和纵向进行模块化拓展，实现直径 ϕ1200mm、高度 1500mm 大型样件的增减材一体成形，以及舱段结构快速成形。大型舱段结构增减材一体成形样件如图 6.23 所示。

（a）锥形舱段结构　　　（b）带侧孔变直径舱段结构

图 6.23　大型舱段结构增减材一体成形样件

7. 航空功能性零件的快速修复

在飞机修复中常需要更换零部件，仅拆机时间就长达 1~3 个月。而利用增材制造技术将受损部件视为基体并增长材料，不仅可以实现在线修复，而且修复后的零件性能仍可达到甚至超过锻件的标准。以制造成本高昂的整体叶盘为例，近年来美国通用航空公司、H&R Technology 公司、Optomec 公司和德国弗劳恩霍夫研究所及我国的多个研究机构开展了整体叶盘的激光成形修复技术研究。2009 年 3 月，作为美国激光修复技术商用化推进"领头羊"的 Optomec 公司宣称，其采用激光成形修复技术修复的 T700 整体叶盘通过了军方的振动疲劳验证试验。图 6.24 所示为我国西北工业大学修复的钛合金整体叶盘叶片。

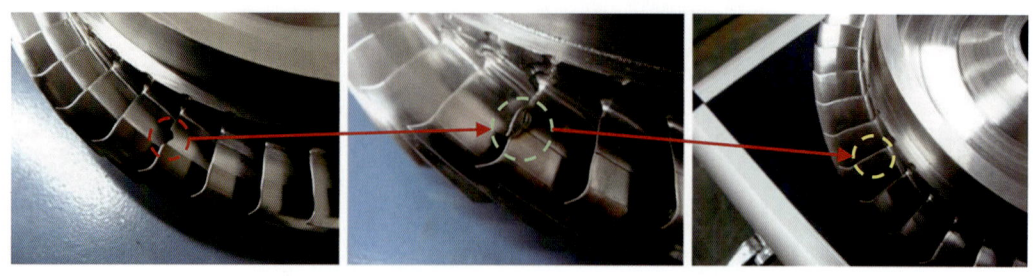

图 6.24　我国西北工业大学修复的钛合金整体叶盘叶片

增材制造技术依靠自身的技术特点，尤其在金属成形方面，在航空航天领域展现出无与伦比的优越性。美国、欧盟等国家和地区均大力发展增材制造技术，以将其应用于航空航天领域。2012 年，美国增材制造创新研究所成立，其联合了宾夕法尼亚州、俄亥俄州和弗吉尼亚州的 14 所大学、40 余家企业、11 家非营利机构和专业协会。欧洲航天局于 2013 年 10 月公布了"惊奇"计划，汇集 28 家机构，开发新的金属零部件，新部件与常规部件相比更轻、更坚固、更廉价，旨在将增材制造带入"金属时代"。此外，美国波音公司、洛克希德·马丁公司、通用航空公司、桑迪亚实验室和洛斯·阿拉莫斯实验室，欧洲宇航防务集团，英国罗尔斯-罗伊斯公司，法国赛峰集团，意大利艾维欧航空航天动力集团、加拿大国家研究院，澳大利亚国家科学研究中心等大型公司及国家研究机构都对增材制造在航空航天领域的应用开展了大量研究工作。

我国在金属材料激光增材制造领域处于世界先进水平，但是仍与欧美等发达国家存在一定的差距。西北工业大学、北京航空航天大学、南京航空航天大学等团队针对航空航天等高技术领域对结构件高性能、轻量化、整体化、精密成形技术的迫切需求，开展了钛合金、高温合金、超高强度钢和梯度功能材料激光立体成形的工艺研究，在突破结构件轻质、高刚度、高强度、整体化成形、应力变形与冶金质量控制、成形件组织性能优化等关键技术方面取得了显著成效。

8. 太空增材制造

在人类探索太空过程中，设备、材料的补充成为阻碍人类迈向更远空间的障碍，随着增材制造技术的发展，航天器零件的太空制造成为可能。太空增材制造产品可以胜任一些传统制造工艺难以完成的工作，携带一台三维打印机进入太空，可以省去携带备用零部件的麻烦，减小对地面系统的依赖，大幅度提升空间操控的灵活性和维修效率。

美国国家航空航天局听说国际空间站需要一个扳手时，三维打印机制造商 Made In Space 公司向空间站发送了扳手的制造图纸，随后宇航员使用三维打印机花了 4h 成形出这把扳手，如图 6.25 所示。该扳手不是空间站制造的第一个增材制造物体，但是第一个满足宇航员需要的增材制造物体，缓解了备件带来的供应链挑战，减少了浪费并简化了物流，将有助于人类实现更长时间的太空任务。

由于太空运输成本很高，因此在月球或火星等星球自主建造栖息地和基础设施是实现人类太空探索的重要一步。图 6.26 所示为华中科技大学科学家设想的在月亮上使用增材制造技术构建"玄武基地"模拟图。美国国家航空航天局正在探索使用月球的泥灰作为建

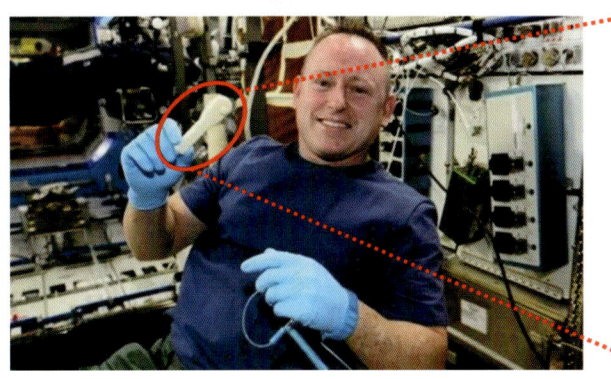
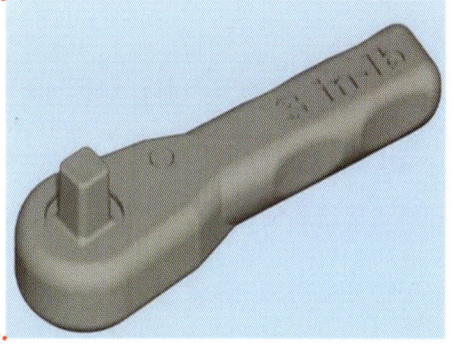

图 6.25 太空增材制造的扳手

筑材料，结合地球的黏结剂，实现月球表面的自主建设。月球科研站建设也是我国探月工程远景规划中的关键一环，而月壤原位固化是月球科研站建设和资源原位利用的重要研究内容，可在月球就地取材并作为建筑材料，减小对地球资源的依赖。北京航空航天大学李峰教授团队制备了高强度的模拟月壤地聚合物建筑材料，提出了基于流变时变行为调控的模拟月壤地聚合物增材制造工艺性提升方法，用模拟月壤增材制造出样砖，为我国太空探索的下一个前沿开辟了道路。

图 6.26 华中科技大学的科学家设想的在月亮上使用增材制造技术构建"玄武基地"模拟图

6.2 增材制造技术在生物医学领域的应用

增材制造技术与传统制造技术相比，更适合制作小批量、定制化及复杂形状的产品。由于人体具有个体差异，假肢、助听器等辅助器械及外科植入物等对个性化定制的要求很高，因此"个性化"为增材制造技术与医疗行业搭建了深度结合的桥梁。增材制造技术在医学行业"个性化"的应用不仅包括成形医疗模型、牙科植入物、手术导板、假肢等，还包括很多未来可能在临床应用的技术及产品，如可替代人体器官的人造器官等。增材制造技术在生物医学领域应用广泛，主要包括以下几个方面。

1. 体外医疗器械的制造

增材制造产品的突出特点是精准、复杂成形、个性化，正好迎合了一些医疗器械用品不仅要求精准、复杂，而且要求一次性、量身定做，如增材制造技术在个性化手术工具定制方面的广泛应用。个性化手术工具中最典型的是手术导板，包括关节类导板、脊柱导板、口腔种植体导板等。图 6.27 所示为利用增材制造技术加工的膝关节手术导板。此外，利用增材制造技术还可以加工肿瘤内部内照射源粒子植入的导向定位导板，以解决放射剂量分布不均匀、容易造成热点（过高剂量区）和冷点（过低剂量区）从而增加肿瘤残留及复发危险的问题。个性化手术导板是在术前依据患者手术需要专门定制的个性化手术辅助工具，是连接术前设计与手术操作的定制化桥梁。应用个性化手术导板能将患者的解剖特征与植入体的设计良好地对接，并将设计参数准确地转化到手术操作中，从而在手术中实现植入体的准确植入。

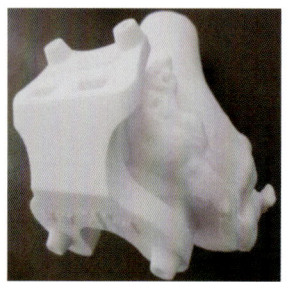 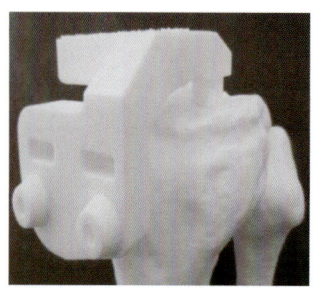

（a）股骨导板　　　　　　　　（b）胫骨导板

图 6.27　利用增材制造技术加工的膝关节手术导板

另外，利用增材制造技术可以优化原有的医疗辅助工具，提高其使用舒适度。根据媒体报道，维多利亚大学的杰克·埃维尔利用增材制造技术成形了一款专门用于治疗骨折的工具，其中骨骼支撑架［图 6.28（a）］由聚酰胺制成，具有质轻、透气、可清洗的特点。首先经过 X 射线和三维扫描确定患者骨断裂的确切位置及骨折的肢体尺寸，然后将所得数据输入计算机，生成适合患者体型的最佳支撑。常用的假肢也可以通过增材制造实现个性化定制，个性化的定制假肢［图 6.28（b）］美观且具有更高的使用舒适度。

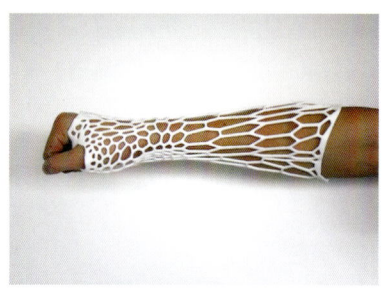 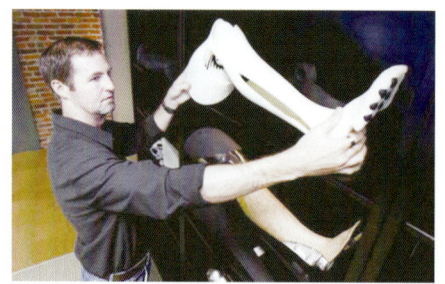

（a）增材制造的骨折骨骼支撑架　　　　　　（b）个性化的定制假肢

图 6.28　利用增材制造技术优化医疗辅助工具

2. 医学模型、医疗模型的制造

医学模型在基础医学和临床实验教学中用途广泛、使用量大，但是用传统制造方法制作医学模型程序复杂、生产周期长,同时部分模型的原材料多为石膏等,在使用过程中极易损坏。利用增材制造技术制作医学教学用具、医疗实验模型等不仅避免了上述问题,还可以根据实际需要实现一些特殊模型的个性化定制。图 6.29(a)所示为采用普通光敏树脂固化成形的心脏模型,图 6.29(b)所示为英国伦敦三维打印艺术展上展出的采用特殊光聚合树脂材料成形的透明肝脏模型。

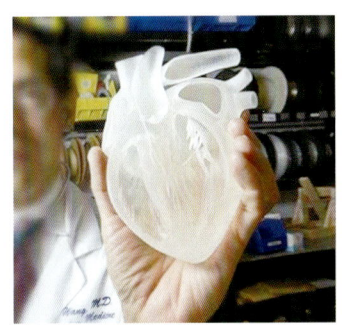 

(a)采用普通光敏树脂固化成形的心脏模型　　(b)采用特殊光聚合树脂成形的透明肝脏模型

图 6.29　医学模型

医疗模型的作用在于高精度模拟外科手术环境,实现可视化手术规划。利用增材制造技术可以快速制造出需要进行手术的器官组织,供医生手术演习,与患者商讨医疗方案。一位日本医生在欧洲泌尿外科学会大会上宣布,他们首次利用增材制造技术制作了含有肿瘤的肾脏精确模型(图 6.30),并将其应用于切除手术模拟。外科医生利用 CT 可以生成病人肾脏的三维模型,然后将数据发送到 Stratasys 公司的 Objet Connex 三维打印机上,成形出肾脏的三维实物模型,透明模式使医生能够清楚地看到病人肾脏上的血管位置。外科医生可以在术前用三维肾脏模型演练,提升手术的成功率。

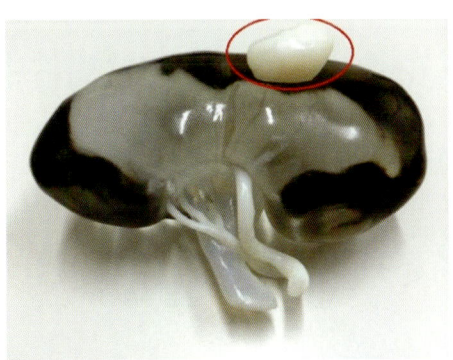

图 6.30　利用增材制造技术制作的含有肿瘤的肾脏精确模型

3. 生物组织工程的三维构建

生物组织工程包括个性化定制、永久植入假体及体内辅助器械的制造等。

典型生物组织工程构建需要种子细胞和支架材料。支架材料是可以为种子细胞提供适合其生长的场所和发挥生物学功能的一种生物学材料,具有能模仿天然组织构建的性能。作为种子细胞的生物学载体,理想的支架材料应具备如下特征:①良好的生物相容性;

②适中的生物降解性；③具有诱导或引导组织再生的能力；④具有一定的生物力学强度与可塑形性；⑤无毒性与无免疫原性；⑥具有合适的孔径，以利于细胞黏附生长。

早期的支架构建采用单纯的铸造技术，尽管可以形成多孔，但孔径无法与细胞匹配，无法事先确定支架内部结构及细胞与孔径间的连接。随着数字化技术的成熟和增材制造技术的发展，临床上已经开始利用 EBSM 和 SLM 直接制造金属植入物。EBSM 虽然在成形精度上略逊于 SLM，但其成形效率高，高温环境下一次成形，残余应力小，无须二次热处理，钛合金成形件生物相容性良好，适用于骨科植入物的直接制造，相关产品已经通过了美国 FDA 及欧盟 CE 认证，图 6.31 所示为利用 EBSM 成形的金属骨小梁髋臼假体（多孔钛合金植入假体）。

图 6.31　利用 EBSM 成形的金属骨小梁髋臼假体

增材制造个性化骨科植入物假体是增材制造技术在医学领域的成功应用。在骨外科，由于骨病损状态形式多样，因此用于骨缺损修复的植入物只能是个性化的，必须"量体裁衣，量身定做"。过去，在盆骨肿瘤手术等高难度骨科手术中，只能根据平面 CT 图像进行定制化设计，数据的准确性受到严重质疑，而依托增材制造可精确定制出与患者骨盆一模一样的骨盆。

医学上对颅骨植入物的要求非常严格。2015 年，Novax DMA 公司和增材制造服务商 Alphaform 公司合作，Alphaform 公司使用 EOSINT M280 三维打印机制作植入物，帮助一名需要颅骨植入手术的患者成功定制颅骨植入物（图 6.32）。

图 6.32　利用增材制造技术成形的多孔组织结构颅骨植入物

2011 年，比利时和荷兰的科学家为一名 83 岁女性移植了利用 SLM 成形的下颌骨。

植入物的研发团队依据患者的 CT 图像生成三维模型，并通过计算机在植入物模型表面设计数千条沟槽。这样的设计能够促进患者血管、肌肉及神经与植入物尽快长合。设计好的植入物三维模型通过 SLM 成形，激光熔化钛合金粉末并叠加 3000 层，完成后对成形件进行陶瓷涂层处理。植入的下颌骨如图 6.33 所示。

此外，奥地利陶瓷增材制造公司 Lithoz 正在推进陶瓷个性化骨缺损修复件的应用。与金属材料制成的传统产品相比，氧化锆陶瓷等生物陶瓷材料不仅具备高耐磨性与高弹性，而且在使用过程中不会出现金属修复件磨损产生颗粒的问题及表面腐蚀的问题，大大提高了生物相容性。图 6.34 所示为 Lithoz 公司增材制造的个性化骨缺损修复件。

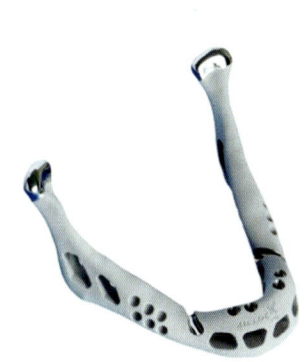
图 6.33　植入的下颌骨

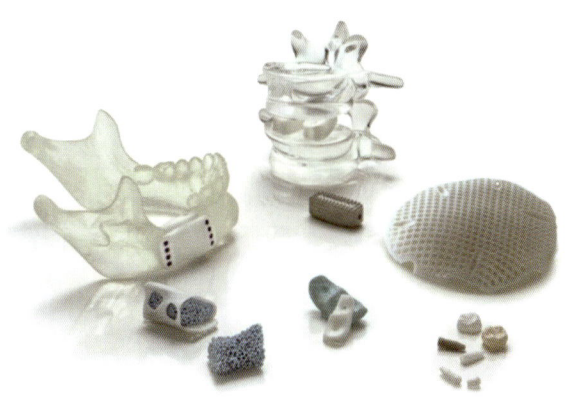
图 6.34　Lithoz 公司增材制造的个性化骨缺损修复件

4. 细胞增材制造

细胞增材制造的原理是利用增材制造技术制造具有个性化结构的功能性人工器官和组织。直接将细胞、蛋白及其他具有生物活性的材料作为增材制造的基本单元，利用增材制造技术直接进行细胞打印，以构建体外生物结构体、组织、器官模型。构建的体外生物结构体可以应用于药物筛选，极大地加快了药物开发进程，更能在未来实现组织器官再生。

自 2003 年首次提出细胞增材制造概念以来，国内外数十家科研机构在生物增材制造设备和生物墨水等方面的深入研究推动了该技术快速发展。根据工作原理的不同，现阶段生物增材制造设备采用的技术主要分为喷墨生物打印、微挤压生物打印和激光辅助生物打印等，如图 6.35 所示。其成形材料（生物墨水）主要为海藻酸盐、胶原和聚乙二醇等能保持细胞存活和功能的生物材料。生物增材制造在医学模型制造、活体细胞三维培养、药物测试开发等领域取得的一系列研究成果，为开展药物模型和动物实验，建立多组织、器官的打印工艺规范，以及成套装备研发奠定了基础。

生物打印机

生物打印

近年来，国外学者在利用增材制造技术构建组织、器官方面取得了令人瞩目的研究成果。美国 Organovo 公司开发出能够成形人类肾脏和肝脏组织的三维打印设备，基本实现了多细胞、可增殖的组织模型构建。美国加利福尼亚大学圣地亚哥分校的 Chen 团队利用显微光固化成形设备对多种细胞进行联合打印，在体外构建仿生人工肝脏模型以降低制药企业的研发成本。美国哈佛大学 Wyss 研究所开发了一种可自动溶解的生物墨水，能打印出含血管网络的功能组织。

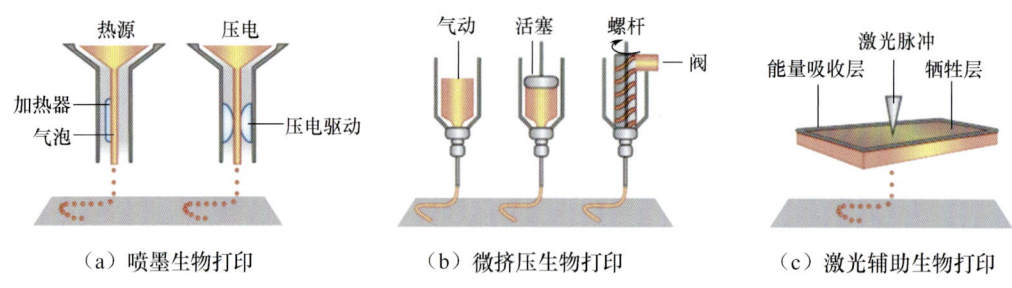

图 6.35 三种主流的生物打印工艺

2019 年 4 月 15 日，以色列特拉维夫大学对外宣布，由分子微生物和生物技术学系的 Tal Dvir 教授领导的团队使用患者自己的细胞和生物材料打印出世界上第一个三维打印的血管化心脏，如图 6.36 所示，并在 Advanced Science 发表了研究成果。这是"世界上第一次有人成功地设计并打印出一个充满细胞、血管、心室的完整心脏"。耗时约 3h 打印出来的心脏尺寸与一个樱桃差不多，其拥有清晰的血管脉络，可以像肌肉一样收缩，但不能做完全的泵送运动。它由从患者身上提取的脂肪组织样本中繁殖的细胞组成，不会产生免疫排斥反应。科学家先将细胞繁殖成小块的心脏组织，然后扩大手术规模，最后建立整个器官。虽然将细胞样本扩大到足以生产出一个完整的人类心脏还有很长的路要走，但研究成果显示了增材制造技术在未来个性化组织和器官替换方面的巨大潜力。

三维打印
血管化心脏

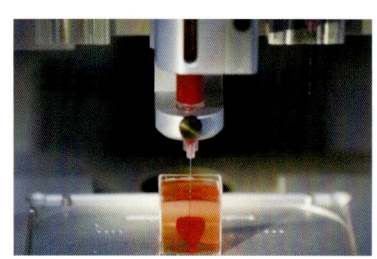

(a) 打印过程

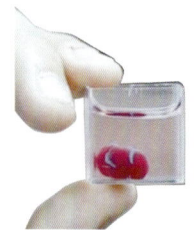

(b) 打印出的心脏

图 6.36 世界上第一个三维打印的血管化心脏

国内在生物增材制造方面的相关研究已经达到国际先进水平。清华大学开发出一种异质细胞集成三维打印装备，实现了体外三维异质肿瘤模型的构建。四川蓝光英诺生物科技股份有限公司研制出一种三维血管打印机，其打印的人工血管已进入动物试验阶段。南京鼓楼医院在干细胞、人工肝脏、软骨修复等方面研发了一系列生物三维打印装备。

采用增材制造技术能够"定制"口服固体制剂，调控药物在机体内的吸收、分布、代谢和消除，使药物发挥最大的药理作用，同时降低药物的不良反应、提高患者的顺应性。增材制造缓控释制剂，可以通过计算机系统调节参数，制备出更智能化、符合个体需求的药物制剂，能够实现延长半衰期、达到最佳治疗水平及针对肠道疾病活动的特定区域减少相关系统不良反应。Fu 等利用 FDM 制备了一种结构复杂的胃漂浮药物递送装置，如图 6.37 所示。该装置具有独立的空气仓和载药仓（单网结构和双网结构），将直接压片法获得的片剂装载于载药仓后，可实现 72h 的药物缓释并可在释药期间保持稳定漂浮。

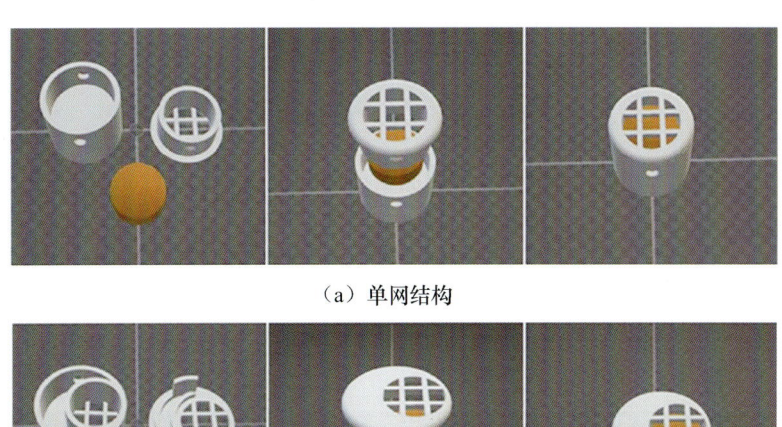

(a) 单网结构

(b) 双网结构

图 6.37　胃漂浮药物递送装置

5. 陶瓷光固化成形技术及在骨科方面的应用

陶瓷材料具有硬度高、强度高、耐磨性好、耐蚀性强、耐高温等优势，被广泛应用于航空航天、生物医学、机械制造、电子科技、能源及化工等领域，在众多工程材料中独树一帜。由于陶瓷材料具有极高的熔点及较大的脆性，采用机械加工难度较大，成本较高，因此阻碍了其进一步广泛应用。除了机械加工，常见的陶瓷加工方法还有干压成形、注射成形等，在采用这些方法制备陶瓷零件前需要生产金属模具，增加了加工成本，并延长了生产周期，几乎不可能实现定制化的需求。

目前，常见的陶瓷增材制造技术包括陶瓷光固化成形技术及陶瓷熔融沉积成形技术。其中，光固化成形是较适用于高强度、高密度陶瓷成形的一种增材制造方法，其成形原理参见第 5 章。

在骨科应用过程中，由于个体间的骨骼存在差异，因此标准化骨科植入物无法完全与患者的骨骼贴合，易造成植入物功能受限、生物力学效果不佳、使用寿命偏短等。利用陶瓷光固化成形技术可精确制造出具有特定形状、孔隙率及可控化学成分的陶瓷植入物，从而避免出现上述问题。陶瓷光固化成形技术在骨科方面的应用可以分为以下三个方面。

(1) 制作术前诊断模型（图 6.38），这是陶瓷光固化成形技术在骨科领域的最初应用。凭借陶瓷光固化成形的骨骼模型，医生在术前就能对复杂解剖结构有更充分的认识并进行模拟演练，提高术中操作的精准性和安全性。

(2) 使用氧化铝陶瓷、氧化锆陶瓷等惰性陶瓷材料进行光固化成形，可成形不可降解的人体植入物（图 6.39）。这些陶瓷材料具有优异的耐磨性、较高的抗压强度、良好的耐蚀性，可以用于制作全髋关节置换术植入物和骨折固定装置；另外，这种陶瓷材料经研磨后具有良好的着色性和透光性，近年来被广泛用于制作口腔种植体。

(3) 基于陶瓷光固化成形技术，使用可降解的生物相容陶瓷材料制造可降解骨组织工程支架（图 6.40）。支架具有密布的大孔和小孔，大孔有利于细胞长入和准确再生，小孔

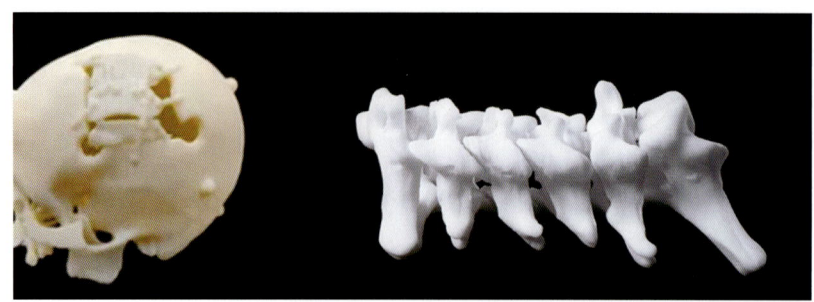

图 6.38　术前诊断模型

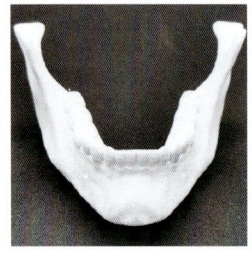　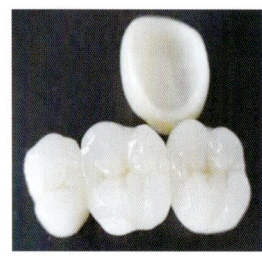　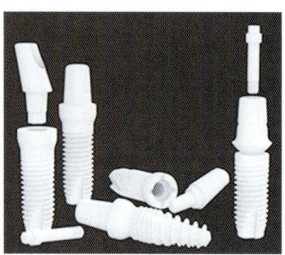

（a）下颌骨　　　　　　　（b）牙冠　　　　　　　（c）口腔种植体

图 6.39　人体值入物

可增加材料中的营养通道。提取一些人体的细胞，并在多孔的结构上进行复合培养，细胞长到一定程度后，将其植入人体，一段时间后支架材料慢慢降解并排出，最终让位于细胞和组织。医学上通常采用这种方法修复人体受损骨组织。

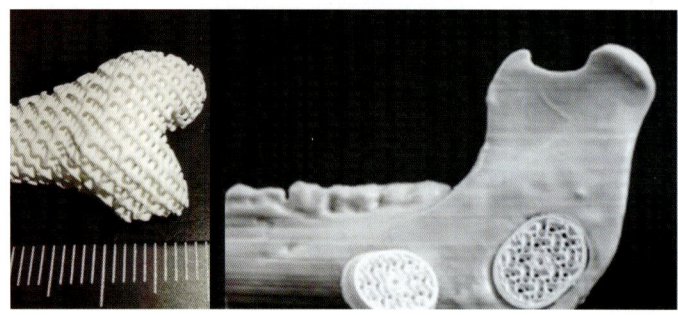

图 6.40　可降解骨组织工程支架

6.3　增材制造技术在汽车行业的应用

随着增材制造技术的不断发展，该技术在汽车行业的应用越来越多。增材制造技术在汽车行业的应用优势十分明显，包括成形复杂形状和结构部件、开发新材料、增进汽车轻量化及优化汽车设计等。增材制造技术在汽车领域的应用从简单的概念模型到功能型原型均已经向更多的功能部件发展，并且已经渗透到发动机等核心零部件的设计方面。

增材制造技术对于汽车制造而言能更好地缩短设计与研发的过程，将设计师的想法更迅速地转化成现实产品。可以利用增材制造技术改善制造环节，如缩短研发和生产周期、加速开发新型转向盘和仪表板等，以及定制概念车。因此，几乎所有整车厂（如通用、福特、保时捷、本田、丰田、克莱斯勒、奔驰、奥迪、宝马、一汽大众等公司）都采用不同增材制造设备来满足不同阶段的需要。增材制造技术在汽车领域的应用可以概括为以下几个方面。

1. 造型评审

汽车造型设计是创意驱动的概念设计，而汽车造型评审既是设计决策的重要节点，又是设计流程的重要控制节点，决定了汽车造型流程的节点和设计迭代的进程。

由于在整车开发过程中需要对汽车的外形、内饰等造型进行设计、评审和确定，因此需要在小比例或者等比例油泥模型的基础上，制作并安装车灯、座椅、转向盘、轮胎和轮毂等零件。增材制造技术在这一领域的应用有制作1∶1全尺寸模型、前格栅、轮毂等，其关键技术包括 PolyJet、塑料和橡胶复合、塑料件和不透明件复合、表面涂装增材制造等。

2. 设计验证

在整车产品开发中，通常需要对产品的设计可靠性（安装结构、零件匹配、结构强度等）进行验证，同时为了降低处于整车开发中后期的整车试验带来的设计风险，需要在设计前期制作样件来验证。

例如，福特公司利用增材制造技术设计修正版的进气歧管。在设计出一个全新的进气歧管之后，只需一个星期即可制造好产品。这让汽车开发工程师有更多的时间进行测试、调整和完善。福特公司利用增材制造技术生产的进气歧管并应用于 Target Ford EcoBoost - Riley 赛车上，如图 6.41 所示。

（a）利用增材制造技术生产的进气歧管　　（b）Target Ford EcoBoost-Riley赛车

图 6.41　福特公司利用增材制造技术生产的进气歧管及 Target Ford EcoBoost - Riley 赛车

3. 复杂结构零件制造

在整车产品开发过程中，为了保证零件的功能性，往往会设计出结构复杂、难加工或者在没有形成批量生产前加工成本非常高的零件。增材制造技术恰恰可以很好地解决这个问题，其因具有去模具化、可加工高度复杂型腔、生产周期短、不受批量影响的特点而适合加工复杂结构零件。

汽车管道件的加工充分说明增材制造技术在制造结构复杂零件方面的优势。通常要求汽车管道能够灵活控制空气流且具有内置的阀门、泵等结构。在标准的简单产品制造中，传统制造的单件成本低于增材制造；但是在小批量的复杂产品制造中，产品的设计越复杂，增材制造的单件成本越具有优势。如果再考虑增材制造能满足按需定制而无须占用库存，那么整体成本的优势更加明显。此外，金属增材制造还可以帮助模具厂商优化生产汽车零件的模具，从而提高汽车零件的使用性能。

图 6.42 所示为宝马公司利用 SLM 生产的水泵轮。2010 年，宝马公司快速技术中心用增材制造的轻金属水泵轮代替原来用塑料部件生产的水泵轮并成功应用于 DTM 赛车上，提高了赛车的动力性。而利用 SLM 生产这种水泵轮，是当时最佳的解决方案。除对汽车零部件进行原型设计和成形外，宝马公司快速技术中心的工作人员还为参加 2012 年伦敦残疾人奥林匹克运动会的英国篮球队制作了独一无二的轮椅座椅原型，如图 6.43 所示。为了让每把轮椅都完美贴合球员，每位球员都接受了全身三维扫描，以便进行个性化设计，同时对轮椅进行优化，使其更轻、更耐用。

图 6.42 宝马公司利用 SLM 生产的水泵轮

利用选区激光熔化生产钛合金赛车制动器

图 6.43 宝马公司制作的个性化轮椅

西班牙纳瓦拉大学的研究生参加大学生方程式汽车大赛时，利用增材制造技术改进了汽车进气歧管。他们利用 FDM 制作了可溶解模具，模具外部包覆碳纤维复合材料，制备出具有复杂结构的进气歧管，该进气歧管比传统方法制造的进气歧管减重 60%。为了检验这一成就，团队参加了两场国际大学生方程式汽车大赛，取得了迄今为止的最好成绩。进气歧管的三维设计图及在赛车上的安装位置如图 6.44 所示。

此外，增材制造在生产汽车构架（包括后视镜、仪表板、门把手、模具型芯等）方面也有较多应用，所用材料多为热塑性工程塑料，这种材料密度较低，能显著减小车辆的整体质量。

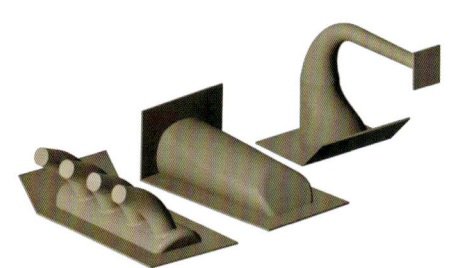
(a) 进气歧管三维设计图

(b) 进气歧管在赛车上的安装位置

图 6.44　进气歧管三维设计图及在赛车上的安装位置

4. 多材料组合零件直接制造

在整车产品开发过程中，难免会遇到不同材料的复合，如橡胶和塑料；不同颜色的材料复合，如尾灯外配光镜；透明与不透明材料的复合，如前照灯饰圈等。相比传统的二次注塑与双色注塑工艺，增材制造在模具成本、零件结合结构、零件美观与可靠性方面都有明显优势。图 6.45 所示为采用双头多材料 FDM 打印机一次性成形的塑料与橡胶复合的汽车零件。

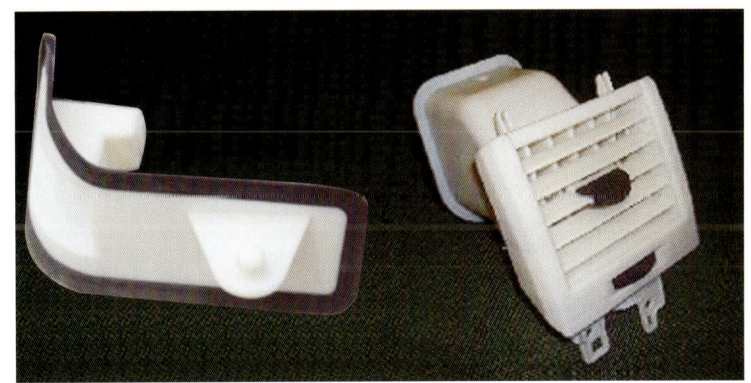

图 6.45　采用双头多材料 FDM 打印机一次成形的塑料与橡胶复合的汽车零件

以色列电子供应商 Nano Dimension 联合汽车产品服务制造商 Techniplas 推出照明概念转向盘，如图 6.46 所示。该转向盘是利用导电材料与介电材料一体化增材制造的。未来，汽车的每个表面都可以是智能表面，增材制造为机电一体化用户界面注入了新的活力。

5. 轻量化结构设计

汽车轻量化在产品开发中占据了越来越重要的地位。一方面，在保证零件结构强度的条件下，可对零件进行减重优化设计，使塑料和金属零件大量采用中空、多孔结构；另一方面，对于多数结构件，可以用高比强度的新型材料代替金属材料以减重，从而提高整车性能，如采用碳纤维材料代替金属材料。然而，目前最引人注意的是钛合金汽车零件产品的开发，因为钛合金具有低密度、高强度和耐腐蚀等特性。

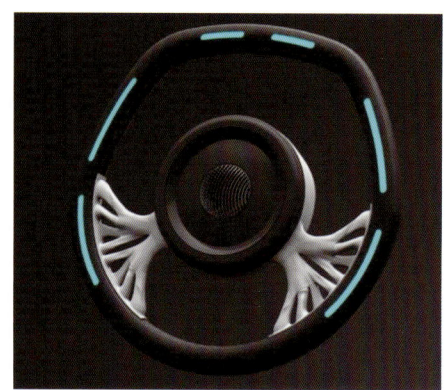

图 6.46 照明概念转向盘

6. 定制专用工装、夹具

增材制造还可以用于生产工装、夹具（定制化、节省时间和适合具体的工作需求的夹具）。工装、夹具的设计质量对生产效率、加工成本、产品质量及生产安全等均有直接影响。在一套较复杂的工装、夹具中，往往设有多处压紧、辅助支撑、调节支撑等元件。由于受空间位置、夹紧力等因素的影响，不同部位所用的夹具结构、外形等会不尽相同，因此工装、夹具往往呈现多品种、小批量的特点，如果采用传统工装、夹具制造方法，则加工成本太高、生产效率太低，即使借助数控加工中心快速制造，有时也会受制于加工限制（如边角加工不到位、孔洞结构不到位等）而无法直接得到所需的工装、夹具，后处理十分麻烦。

随着增材制造技术的发展，工装、夹具的制造有了新的解决方案。利用增材制造定制工装、夹具，加工成本低、生产效率高、装夹效果好。目前，定制的增材制造夹具和固定装置在汽车生产线的应用非常普遍。

例如，沃尔沃发动机厂采用增材制造生产工装，生产周期缩短，生产成本降低。引入增材制造后，其关键流水线制造工装的生产周期缩短了94.4%，设计和制造工装的时间由36 天缩减为2 天。原来工装均采用金属制造，引入增材制造后改用热塑性材料，实现了从设计文件输入打印设备直接成形出成品。沃尔沃发动机厂利用 FDM 生产的工装如图 6.47所示。

图 6.47 沃尔沃发动机厂利用 FDM 生产的工装

7. 个性化汽车零件定制

个性化的车身外覆盖件和汽车内饰（如保险杠、扰流板、座椅、仪表板等）越来越吸引有个性的年轻人，当然最有可能率先实现"定制汽车"概念的无疑是售后市场。增材制造特别适合个性化、小批量零件的制造。或许在不久的将来，汽车可以实现非简单外观区分的更深层次的个性化定制。自定义汽车的销售方式中，最大的难题莫过于个性化定制将降低生产环节的效率，并增大规模化生产的难度。而增材制造的应用可以使客户在个性化定制的硬件平台获得自己喜欢的汽车零部件（如汽车保险杠、后视镜等内外饰件），从而获得定制化汽车。再者，利用增材制造技术生产的零部件可以降低维修成本，可以将损坏的、紧缺的零部件及时生产出来，从而降低库存压力。图 6.48 所示为利用增材制造生产的个性化汽车座椅。

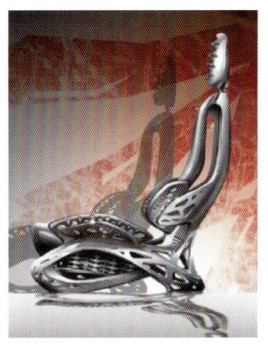 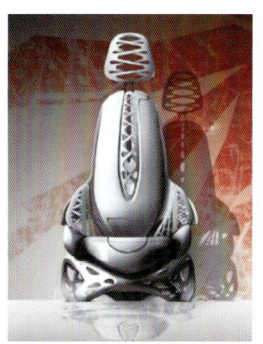 

保时捷利用增材制造技术生产座椅

（a）侧面　　（b）正面

图 6.48　利用增材制造技术生产的个性化汽车座椅

8. 增材制造汽车

从 2010 年正式推出世界第一款三维打印汽车 Urbee，到 2014 年芝加哥国际制造技术（机床）展期间打印出来的 Strati 汽车行驶到大街上，以及 2015 年 Urbee 2 上路，再到法拉利、兰博基尼、阿古斯塔和杜卡迪等逐渐使用增材制造实现私人化定制，增材制造正以前所未有的发展速度向人们展示其巨大潜力。

Urbee 2 汽车（图 6.49）包含超过 50 个三维打印组件，除底盘、动力系统和电子设备等，超过 50% 的部分都是由 ABS 塑料打印的。

Strati 汽车（图 6.50）是 LOCAL MOTORS 公司推出的一款三维打印汽车，其底盘部分也采用增材制造技术制造，号称全球第一辆全三维打印汽车。Strati 汽车的增材制造应用率更高，而且接受媒体试驾。其三维打印时间仅为 44h，如果加上组装时间，只需要 3 天就能制造出一台 Strati 汽车。

美国能源部设在橡树岭国家实验室的增材制造展示中心，通过大面积增材制造机器制成超级跑车 Shelby Cobra（图 6.51），仅用时 6 个星期打造完成。该车使用了先进的复合材料，整车质量减少 50%，同时汽车的安全性得到提高。利用增材制造技术可以用几个星期或几天生产一辆可用的原型车，并通过实际驾驶接受人们对外形、部件组合的直接反馈，使得快速创新能力得到脱胎换骨的提升。

增材制造技术在汽车零部件的开发和赛车的零部件制造方面得到了广泛应用，包括汽

图 6.49 Urbee 2 汽车

图 6.50 Strati 汽车

图 6.51 超级跑车 Shelby Cobra

车仪表板、动力保护罩、装饰件、散热器、车灯配件、油管、进气管路、进气歧管等零部件的制造。尤其用 ABS 材料、尼龙等材料增材制造的零部件，其性能接近汽车零部件的原始材料性能，能够更好地展现该部件的物理性能，配合产品测试并实际使用。

当然，真正实现定制化生产并商业化，增材制造汽车还有很长的路要走。首先要设计不同部件的兼容性，消费者选择选装件时能快速完成拼装；其次是安全性问题，不仅要考虑碰撞安全，还要考虑个性化外观可能对行人造成的伤害等；最后是法律因素，繁杂的样式对合法上路提出了严峻的挑战。可以看出，增材制造技术的发展的确为汽车生产的发展带来了积极的影响，但受到成本、材料等方面的制约，在未来很长一段时间内，增材制造技术在汽车领域的应用范围仍将处于小规模定制化模式。

9. 增材制造汽车轮胎模具、轮毂及散热器

增材制造突破了传统铸造与机械加工难以实现的复杂纹理制造，特别适用于复杂轮胎模具和复杂花纹模具的一体化制造。图 6.52 所示为利用增材制造技术生产的轮胎模具。利用增材制造技术，可以更短的生产周期制造出更复杂的几何形状，增强轮胎产品设计迭代的便捷性，催生新型的轮胎制造能力。增材制造还解决了传统加工中刀具干涉问题，提高了设计的自由度和制造的灵活性。

 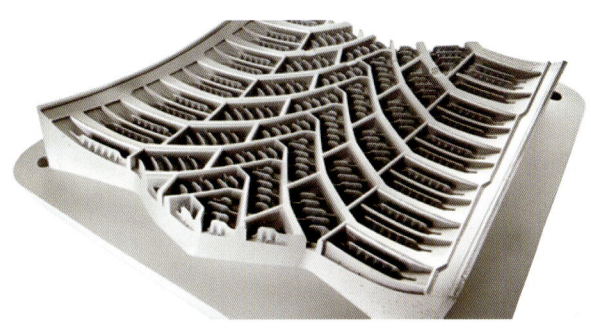

图 6.52 利用增材制造技术生产的轮胎模具

HRE 公司和 GE Additive（现 Colibrium Additive）公司合作推出了第一款采用 EBSM 制造的钛合金轮毂 HRE3D+（图 6.53），展示了车轮技术的未来和先进材料的应用。增材制造为汽车轮毂制造带来了设计自由度的提高，允许制造复杂结构和个性化定制的轮毂。由此可以实现材料优化，根据需求选择材料（如铝合金、钛合金等），实现最佳性能；提高生产灵活性，适合小批量、快速迭代；降低研发成本，适合高性能车辆与赛车定制。增材制造用于轮毂生产，还可以减少材料浪费，与传统制造相比，材料去除率大幅度降低，如钛合金轮毂制造中只有 5% 的材料被去除和回收。

增材制造米其林轮胎模具

图 6.53 第一款采用 EBSM 制造的钛合金轮毂 HRE3D+

增材制造可用于制造复杂结构的散热器，包括异形、结构一体化、薄壁、微通道等传统制造技术难以实现的形状。利用增材制造技术，可以设计并制造出既轻巧又高效的冷却系统，增大传热表面积的同时减轻质量。图 6.54 所示为哈尔滨工业大学 HRT 车队利用金

属增材制造技术生产的赛车散热器。该散热器比传统加工方法制造的散热器质量轻,整体性能更好,而且生产时不被制造工艺束缚,可以实现精妙的内部几何结构,在既定体积上增大了表面积。

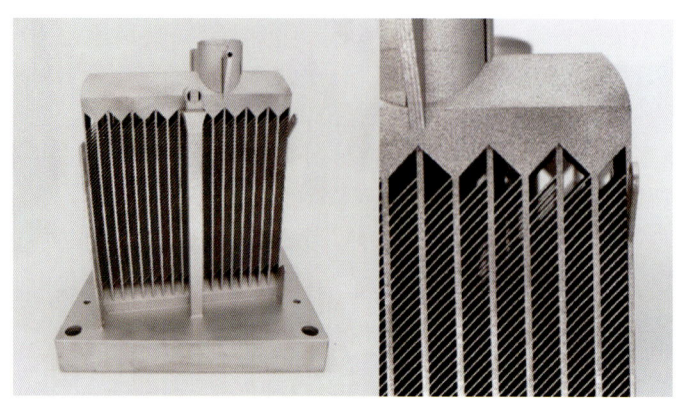

图 6.54　哈尔滨工业大学 HRT 车队利用金属增材制造技术生产的赛车散热器

6.4　增材制造技术在金属铸造领域的应用

增材制造除了可以直接成形所需零件外,还可以作为其他成形方法的中间环节,为其他成形方法提供极大的便利,这一点在金属铸造领域十分显著。增材制造技术能够极大地提高铸造的灵活性,使原本繁重、复杂的手工作业和机械加工简化,被广泛应用于**砂型铸造**和**熔模铸造**领域。

1. 砂型铸造

砂型铸造是一种基于砂型制作的铸造方法,可实现钢、铁及大多数有色合金的铸造成形。**砂型是指利用铸造砂及黏结剂制作的具有一定型腔的铸造模具**。如图 6.55(a)所示,**砂型铸造的基本原理**是将金属液体浇注到特制的砂型中,使金属液体充满砂型的型腔,金属液体在砂型中冷却凝固后,即可得到所需金属制品。对于形状复杂或有内部通道的零件,还需要搭配型芯实现铸件的制作。需要将型芯制作成铸件的内部形状,将制作好的型芯放到型腔中,型芯与周围砂型间的流道最终被金属液体填充,形成铸件的主要特征。图 6.55(b)所示为砂型铸造的发动机机体。

铸造砂是砂型的主体材料,为使制成的砂型具有一定的强度,在搬运、合型及浇注金属液体时不致变形或损坏,需要在铸造砂中加入黏结剂,将松散的砂粒黏结起来,称为型砂。在传统砂型铸造过程中,黏土是一种常见的型砂黏结剂并被广泛使用,还有干性油、水溶性硅酸盐、合成树脂等型砂黏结剂。在实际生产中,需要根据铸件的需求调整原料的配比。

过去使用的许多铸造砂型(芯)都是通过手工成型或机械加工制成的,随着增材制造技术的发展,砂型(芯)快速成形在铸造模具制造中的应用越来越广泛。利用增材制造技术,可以直接成形出砂型(芯),省去了制模和造型(芯)过程,对结构复杂的铸件有重

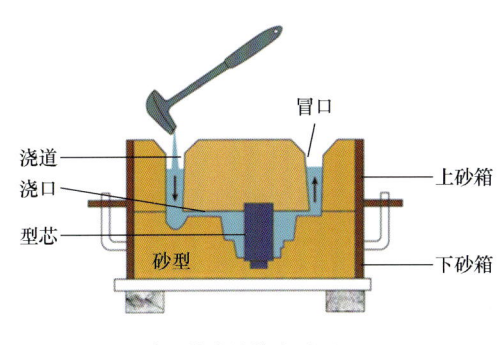  

(a) 砂型铸造的基本原理　　　　　　(b) 砂型铸造的发动机机体

图 6.55　砂型铸造

要意义。图 6.56 所示为利用增材制造技术成形的砂型、砂芯及零件。

(a) 叶轮砂型及零件　　　　　　　　(b) 砂型、砂芯及零件

图 6.56　利用增材制造技术成形的砂型、砂芯及零件

当前增材制造砂型（芯）主要涉及黏结剂喷射打印和 SLS，二者都能实现砂型（芯）的成形，但优劣势不同。通常情况下，SLS 相对于黏结剂喷射在制备砂型（芯）时，较明显的区别是成形效率低，但成形精度高，更适用于单件、小批量的复杂铸件的精细砂型生产。

(1) 黏结剂喷射。

近年来，ExOne、Voxeljet 和 ZCorp 等公司已经将黏结剂喷射扩展到生产铸造用砂型（芯）领域。其工作原理在第 3 章已经论述，在铸造应用中只是将成形材料换成砂粒，喷涂树脂材料作为黏结剂。砂型成形后，根据需求对其进行后处理，如保温固化、焙烧等。在实际制作过程中，根据不同成形要求，可以使用不同砂粉和树脂（如酚醛树脂和呋喃树脂）。

黏结剂喷射在砂型制造中可以成形一些较复杂的型腔，但是砂型的精度及性能优化还有待进一步提高。图 6.57 所示为黏结剂喷射成形的复杂型腔及型芯组合，其精度可达 ±0.25mm。由于树脂在多孔介质砂床上无规则渗透及在固化阶段收缩，因此成形的砂型存在精度误差，此外，铺粉过程较疏松也导致成形的砂型强度不高。一般而言，增大树脂喷射量可以提高砂型的强度，但会造成砂型发气量增大和透气性降低。目前，研究人员针对砂型增材制造渗透误差、型芯收缩量、强度、发气量等方面开展了广泛的研究，砂型的性能得到提高。

图 6.57　黏结剂喷射成形的复杂型腔及型芯组合

(2) SLS。

SLS 以激光为热源，控制激光束选择性地烧结粉末并使之熔融黏结在一起。利用激光束对覆膜砂进行选择性烧结，可以直接成形出砂型（芯），再经过后续固化处理，可直接用于浇注。覆膜砂是指在砂粒表面覆有一层固体树脂膜的型砂，通过覆膜工艺制得。覆膜砂的主体为原砂，一般选用天然硅砂，针对特殊要求的铸件会选用锆砂、铬铁矿砂、陶粒砂等。覆膜砂表面的树脂作为黏结剂，在工业中多采用酚醛树脂及其变体。

美国 DTM 公司最先开发出酚醛树脂覆膜砂材料 SandForm Si、SandForm Zr，并成功将其用于直接激光烧结成形覆膜砂型（芯），且砂型（芯）经过 100℃加热和保温 2h 的固化处理后，其常温抗拉强度可以达到 3.3MPa，完全能够直接用于汽车、航空航天等领域合金零件的砂型铸造生产。图 6.58 所示为由覆膜砂制造的砂型铸造模具。

（a）砂型　　　　　　　　　　　（b）型芯

图 6.58　由覆膜砂制造的砂型铸造模具

利用 SLS 制备的砂型的误差主要取决于 SLS 的工艺参数，即砂床预热温度、激光功率、光源移动速度、扫描道次。合理地调整这些参数可以提高砂型的成形精度，但较低的成形效率始终制约着 SLS 在砂型铸造领域的推广。

2. 熔模铸造

熔模铸造是指用易熔材料制成模型，在表面包覆若干层耐火材料制成型壳，再将模型熔化脱出型壳以获得型腔，此后型壳经过高温焙烧后即可浇注。由于制作熔模的材料大多为蜡质材料，因此熔模铸造常被称为失蜡铸造。熔模铸件的尺寸精度较高，表面粗糙度低，适用于生产形状复杂、精度要求高的金属制品。

熔模铸造的一般过程如图 6.59 所示。先通过手工或模具将蜡制成形状与目标零件一致的熔模（注蜡）；成形多个零件时可以将一组熔模组树；随后在熔模表面重复若干次涂覆硅溶胶及黏砂，得到模壳（制壳）；模壳充分晾干后，将其置于高温环境下，内部熔模熔化排空，获得铸造用型腔（加热脱蜡），模壳在经过脱蜡环节后还需经过高温焙烧成为型壳，以获得更高的强度和透气性；将熔化的金属液体浇注到型壳中，金属液体迅速填充型壳的型腔（浇注）；金属液体冷却凝固后，拆除外围型壳（型壳分离），并将零件单独分离（切割零件）；最后获得所需零件（铸造完成）。

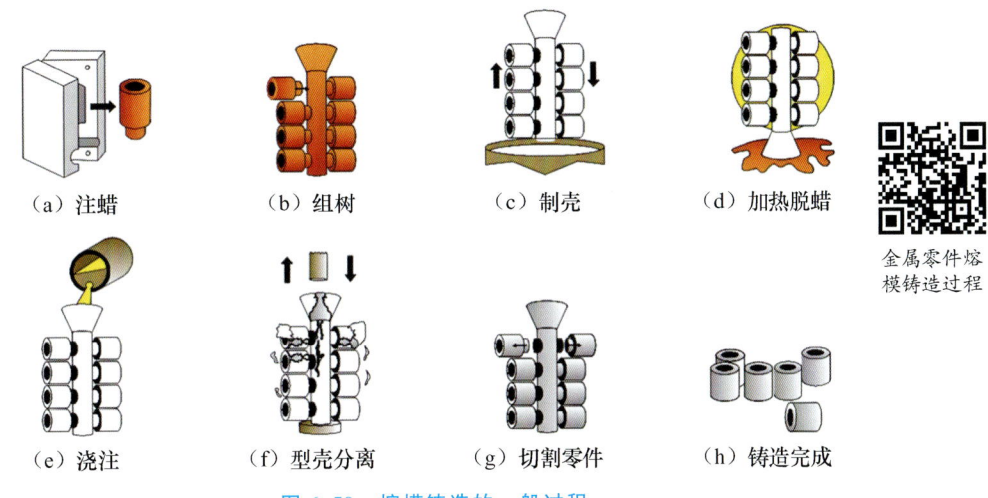

图 6.59 熔模铸造的一般过程

尽管在工业生产中熔模铸造技术早已成熟，具有完整的生产工艺流程和专用设备，但在制作熔模环节需要依赖人工或专用夹具。对于复杂的零件，传统的熔模制备缓慢，熔模制备工作占总前期工作的 70% 以上。利用增材制造技术能够在制作熔模的环节有效降低制作难度，在不使用模具的情况下开发和制造熔模，并能够成形形状复杂的熔模，尤其对于单件、小批量零件的加工有极大的优势。随着科技的发展，人们对产品的要求越来越高，产品多样化和个性化越发明显，传统的熔模铸造已无法满足人们的需求，因此，增材制造技术和传统熔模铸造的结合应运而生。

近年来，随着树脂材料的快速发展，其被广泛应用于熔模铸造领域，树脂模开始部分取代蜡模。树脂模能够有效改善薄壁结构的铸造，这是蜡模难以实现的。针对熔模铸造领域现存的蜡模和树脂膜，增材制造技术均能够提供有效的成形方法。

（1）蜡模成形。

蜡作为熔模铸造中普遍使用的材料，较早地被设计用于 FDM 加工。3D Systems 公司研制的 ProJet MJP 2500 IC 型三维打印机（图 6.60）专门用于蜡模加工，使蜡模生产时间缩短数周，极大地提高了生产率。制备的蜡模经过后续熔模铸造工序，即可获得金属铸件。图 6.61 所示为 ProJet MJP 2500 IC 型三维打印机制备的蜡模及其相应的金属铸件。

（2）树脂模成形。

除采用石蜡制作熔模铸造的模型外，近年来光敏树脂被广泛应用在熔模铸造领域。相对于蜡模，树脂模具有较好的耐磨性及高强度，不易变形，有利于薄壁结构的铸造；而且可以通过精加工提高树脂模的表面质量，间接地提高铸件表面质量。

图 6.60　ProJet MJP 2500 IC 型三维打印机

图 6.61　ProJet MJP 2500 IC 型三维打印机制备的蜡模及其相应的金属铸件

光敏树脂成形需要借助 SLA。SLA 是利用紫外线激光固化聚合物的增材制造工艺。光敏树脂是一种交联的光固化高分子材料，制备的树脂模在型壳中不会像蜡模熔化脱离，因此须在高温下烧尽树脂膜（只留下极少灰烬）。冷却后，使用压缩空气吹尽型壳内灰烬及残留物。经过烘焙后的型壳内表面光洁、无裂纹，能够很好地复制出模型。图 6.62 所示为利用 SLA 生产的光敏树脂模及铸件。

金属零件
熔模铸造

（a）光敏树脂模

（b）树脂模型壳及铸件

图 6.62　利用 SLA 生产的光敏树脂模及铸件

除光敏树脂外，采用 ABS 或 PLA 材料制作非蜡模也多见于国内外的研究报道中，但鉴于二者在实际工程中应用的案例较少，本书不展开叙述。

6.5　增材制造技术在其他领域的应用

增材制造技术
在其他领域
的应用

随着增材制造对促进专业技术人员提升职业素养、推动社会发展的作用不断突显，增材制造工程技术人员作为新兴工种进入大众视野，增材制造从业人员需要掌握设计与制造、软件开发与硬件控制、材料开发与工艺研究等方面的知识，国家人力资源和社会保障部颁布了相关从业标准，进一步促进了增材制造的发展。作为一种先进的加工技术，增材制造技术不仅在工业制造业中扮演着重要的角色，而且逐渐深入人们日常生活的方方面面。下面从以下几个方面进行简单介绍。

1. 建筑

一方面，随着城市化水平的提高，建筑模型的设计造型越来越受到人们的重视。建筑模型的设计者为了更好地表达设计意图及展示设计结构，以往需要通过手工雕塑将设计模型制作出来，但制作的模型精度不够，无法完整地表达设计者的意图。增材制造技术能够将建筑设计师的设计理念迅速转化为看得见、摸得着的建筑模型，使建筑设计表现得更加立体、更加直接。利用增材制造技术成形的建筑模型如图 6.63 所示。

（a）城市规划模型　　　　　　　　　（b）建筑景观模型

图 6.63　利用增材制造技术成形的建筑模型

另一方面，利用增材制造技术建造实体房屋成为可能。利用增材制造技术建造房屋可以有效缩短工期，降低成本。图 6.64 所示为利用增材制造技术建造房屋的过程及建造的城堡实体，增材制造使用的是加入了强化材料的混凝土。

增材制造陶艺

增材制造技术在房屋建筑中的应用

（a）利用增材制造技术建造房屋的过程　　　　（b）建造的城堡实体

图 6.64　利用增材制造技术建造房屋的过程及建造的城堡实体

2. 艺术造型与服装

增材制造为艺术创作注入了新的活力。增材制造的无模具化、成形任意形状的特点使艺术创作进一步解放。增材制造可使产品兼顾艺术美感和实用性。

增材制造的时尚元素在 T 台上曝光的机会越来越多，故增材制造技术日益受到服装界、时尚界的追捧。图 6.65 所示为利用增材制造技术生产的时装。

当前主流的鞋类制造是一种工业化的规模制造方式，这种方式已经存在几十年。但受传统制造技术的制约，设计师的一些天马行空的设计很难实现。得益于日益成熟的增材制造技术，设计师可以打破模具的限制，充分释放设计灵感。图 6.66 所示为利用增材制造技术生产的时装鞋。

图 6.67 所示为耐克公司推出的全球首款利用增材制造技术生产的运动鞋。这款鞋主要为美式橄榄球运动员设计，鞋底质量只有 28.3g，在草坪场地的抓地力非常优秀，还能

增材制造服装

(a)

(b)

图 6.65　利用增材制造技术生产的时装

增材制造概念鞋

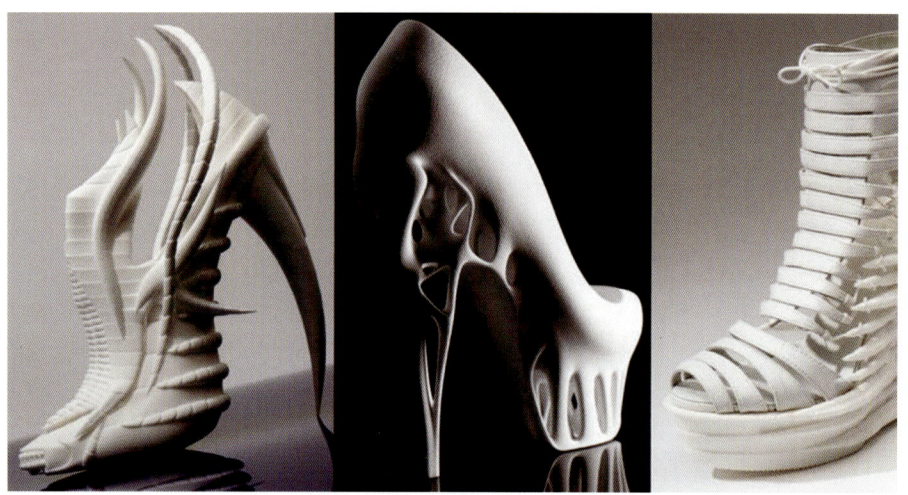

图 6.66　利用增材制造技术生产的时装鞋

增加运动员最原始驱动状态的持续时间。其采用 SLS 通过大功率激光器将热塑性颗粒熔融成预想中的形状，不仅减小了鞋底的质量，还缩短了成形时间。

图 6.68 所示为在纽约举办的三维打印设计展上展出的前所未见的利用增材制造技术生产的乐器。

3. 食品

在食物增材制造模式下，人们只需在计算机上设计食品的样式并配好原料，即可等着享用三维打印机打印的香喷喷的食物。

图 6.69 所示为利用增材制造技术制作的糖果和巧克力。图 6.70 所示为利用增材制造技术制作的芝士蛋糕和比萨。

4. 珠宝首饰

增材制造技术的迅猛发展为珠宝首饰设计制造业带来了意义非凡的影响和变革。一方面，增材制造可加工任意复杂形状的优势将设计师从传统的设计束缚中解放出来，实现了"只有画不出的图纸，没有做不出的设计"；另一方面，增材制造使首饰加工质量不再过分地依赖制作原模者的技术水平，甚至可以实现去模具化和较高的可重复性。增材制造还可以实现珠宝首饰的个性化定制，充分表达个人的创意与灵感。

增材制造男鞋

金属鞋模增材制造全过程

图 6.67　耐克公司推出的全球首款利用增材制造技术生产的运动鞋

图 6.68　利用增材制造技术生产的乐器

（a）糖果　　　　　　　　　　　（b）巧克力

图 6.69　利用增材制造技术制作的糖果和巧克力

　　Shapeways 平台推出黄金首饰定制服务，其利用失蜡法浇注成形的黄金首饰如图 6.71 所示。该首饰制造融合了增材制造与传统制造，首先用高分辨率三维打印机制造出蜡模，然后用失蜡法浇注，最后清洗，并手工打磨成形。图 6.72 所示为 Nervous System 设计室使用三维打印机制造的黄金手链（Kinematics 系列手链）。该手链是由互锁组件构成的，虽然在设计上是由不同的部分组成的，但在制造中，这些设计不需要组装，直接整体成形，得到完整的首饰。

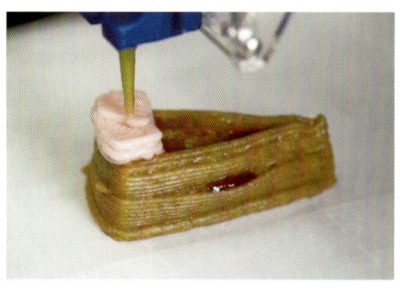 

　　　　(a) 芝士蛋糕　　　　　　　　　　(b) 比萨

图 6.70　利用增材制造技术制作的芝士蛋糕和比萨

图 6.71　Shapeways 平台利用失蜡法浇注成形的黄金首饰

增材制造与电镀
制作戒指

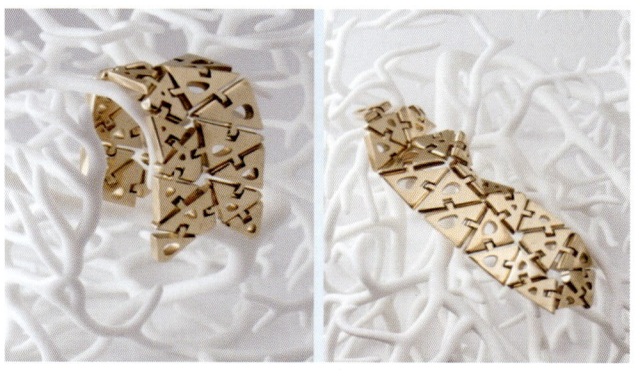

图 6.72　Nervous System 设计室使用三维打印机制造的黄金手链

思考题

1. 增材制造技术在航空航天领域的应用主要包括哪几个方面？
2. 增材制造技术在生物医学领域的应用主要包括哪些方面？
3. 增材制造技术在汽车领域的应用主要包括哪些方面？
4. 增材制造技术在金属铸造领域主要应用在哪些方面？有什么优点？
5. 为什么金属件的熔模铸造又称失蜡铸造？有什么特点？
6. 请列举五个增材制造技术在其他领域的应用实例。

参考文献

陈超越，殷宇豪，徐松哲，等，2022. 航空发动机叶片用陶瓷型芯的光固化增材制造研究现状 [J]. 航空制造技术，65（1/2）：67-76.

陈继民，2020. 3D 打印技术概论 [M]. 北京：化学工业出版社.

陈继民，曾勇，2023. 3D 打印技术基础 [M]. 北京：化学工业出版社.

陈龙，王正上，崔旭东，2022. 氧化铝陶瓷光固化浆料的制备及脱脂工艺优化研究 [J]. 四川大学学报（自然科学版），59（4）：145-152.

陈培鸿，刘志挺，方淡悄，等，2021. 3D 打印在药物递送领域的应用进展 [J]. 中国药房，32（13）：1657-1664.

董世运，李福泉，闫世兴，2019. 激光增材再制造技术 [M]. 哈尔滨：哈尔滨工业大学出版社.

姜乐涛，白培康，赵娜，等，2015. 覆膜 Mo 粉 SLS 成形件熔渗金属工艺研究 [J]. 特种铸造及有色合金，35（8）：863-866.

兰红波，李涤尘，卢秉恒，2015. 微纳尺度 3D 打印 [J]. 中国科学：技术科学，45（9）：919-940.

黎茂扬，2023. 直书写 3D 打印可控微尺度形貌工艺力学研究 [D]. 无锡：江南大学.

李涤尘，贺健康，王玲，等，2020. 5D 打印：生物功能组织的制造 [J]. 中国机械工程，31（1）：83-88，99.

李会朝，王彩妹，张华，等，2023. 搅拌摩擦增材制造技术研究进展 [J]. 金属学报，59（1）：106-124.

林爽，2021. 高光表面物体的三维扫描测量及基于 3D 打印的成型质量研究 [D]. 舟山：浙江海洋大学.

刘少岗，金秋，2020. 3D 打印先进技术及应用 [M]. 北京：机械工业出版社.

刘正武，赵凯，齐超琪，等，2023. 搅拌摩擦增材制造技术研究现状与发展趋势 [J]. 机械制造文摘：焊接分册（1）：13-20.

罗志伟，赵小双，罗莹莹，等，2015. 微滴喷射技术的研究现状及应用 [J]. 重庆理工大学学报（自然科学），29（5）：27-32.

门正兴，张学睿，包有宇，等，2021. 基于 Simufact Additive 的激光选区熔化成形过程有限元分析 [J]. 锻造与冲压（21）：28-30.

齐乐华，钟宋义，罗俊，2015. 基于均匀金属微滴喷射的 3D 打印技术 [J]. 中国科学：信息科学，45（2）：212-223.

史玉升，2023. 增材制造技术 [M]. 北京：清华大学出版社.

史玉升，伍宏志，闫春泽，等，2020. 4D 打印：智能构件的增材制造技术 [J]. 机械工程学报，56（15）：1-25.

宋学平，黄健康，樊丁，2023. 增材制造技术制备金属梯度功能材料的研究进展及展望 [J]. 金属加工：热加工（9）：1-8.

王季，2013. 金属表面电解质等离子抛光及其工艺的研究 [D]. 哈尔滨：哈尔滨工业大学.

王军华，姚成，彭建军，等，2024. 激光增材再制造修复技术的现状与发展趋势 [J]. 科学技术与工程，24（4）：1313-1325.

魏青松，2017. 增材制造技术原理及应用 [M]. 北京：科学出版社.

吴超群，孙琴，2020. 增材制造技术 [M]. 北京：机械工业出版社.

吴芬，邹义冬，林文松，2016. 选择性激光烧结技术的应用及其烧结件后处理研究进展 [J]. 人工晶体学报，45（11）：2666-2673.

吴洪键，李文波，邓春明，等，2020. 冷喷涂增材制造关键技术 [J]. 中国表面工程，33（4）：1-15.

吴应东，卢静，孙澄川，等，2024. 冷喷涂增材制造技术应用研究进展 [J]. 表面技术，53（16）：19-34，67.

熊华平，郭绍庆，刘伟，等，2019. 航空金属材料增材制造技术［M］. 北京：航空工业出版社.

熊晓晨，秦训鹏，华林，等，2022. 复合式增材制造技术研究现状及发展［J］. 中国机械工程，33（17）：2087-2097.

张海鸥，黄丞，李润声，等，2018. 高端金属零件微铸锻铣复合超短流程绿色制造方法及其能耗分析［J］. 中国机械工程，29（21）：2553-2558.

张海鸥，田景明，王桂兰，等，2022. 电弧微铸锻复合增材制造 Safra 66 铝合金组织及性能的研究［J］. 热加工工艺，51（1）：21-24.

张晓琴，秦世煜，姬忠莹，等，2020. 3D 直书写打印聚合物及其复合材料［J］. 聊城大学学报：自然科学版，33（3）：41-50, 56.

赵圆圆，罗海超，梁紫鑫，等，2022. 光聚合微纳 3D 打印技术的发展现状与趋势［J］. 中国激光，49（10）：330-359.

ANSELL，2021. Current status of liquid metal printing［J］. Journal of Manufacturing and Materials Processing，5（2）：1-36.

ASHOKKUMAR，THIRUMALAIKUMARASAMY，SONAR，et al.，2022. An overview of cold spray coating in additive manufacturing, component repairing and other engineering applications［J］. Journal of the Mechanical Behavior of Materials，31（1）：514-534.

BELKIN，KUSMANOV，PARFENOV，2020. Mechanism and technological opportunity of plasma electrolytic polishing of metals and alloys surfaces［J］. Applied Surface Science Advances，1（1）：100016.

DEZAKI，SERJOUEI，ZOLFAGHARIAN，et al.，2022. A review on additive/subtractive hybrid manufacturing of directed energy deposition (DED) process［J］. Advanced Powder Materials，1（4）：100054.

DILBEROGLU，GHAREHPAPAGH，YAMAN，et al.，2021. Current trends and research opportunities in hybrid additive manufacturing［J］. The International Journal of Advanced Manufacturing Technology，113（3-4）：623-648.

DOBRZAŃSKI，DOBRZAŃSKI，DOBRZAŃSKA-DANIKIEWICZ，et al.，2020. Manufacturing powders of metals, their alloys and ceramics and the importance of conventional and additive technologies for products manufacturing in Industry 4.0 stage［J］. Archives of Materials Science and Engineering，102（1）：13-41.

DOU，LUO，QI，et al.，2023. A vertex-arc path planning method for metal droplet-based 3D printing of thin-walled parts with sharp corners［J］. Journal of Materials Processing Technology，312：117852.

FU，YIN，YU，et al.，2018. Combination of 3D printing technologies and compressed tablets for preparation of riboflavin floating tablet-in-device (TiD) systems［J］. International Journal of Pharmaceutics，549（1-2）：370-379.

GRIGORYAN，PAULSEN，CORBETT，et al.，2019. Multivascular networks and functional intravascular topologies within biocompatible hydrogels［J］. Science，364（6439）：458-464.

HAN，SAIDING，CAI，et al.，2023. Intelligent vascularized 3D/4D/5D/6D-printed tissue scaffolds［J］. Nano-Micro Letters，15（12）：384-426.

HUANG，WANG，DING，et al.，2021. Principle, process, and application of metal plasma electrolytic polishing：a review［J］. The International Journal of Advanced Manufacturing Technology，114（7-8）：1893-1912.

JIMÉNEZ，BIDARE，HASSANIN，et al.，2021. Powder-based laser hybrid additive manufacturing of metals：a review［J］. The International Journal of Advanced Manufacturing Technology，114（1-2）：63-96.

KAHHAL，JO，PARK，2024. Recent progress in remanufacturing technologies using metal additive manufacturing processes and surface treatment [J]. International Journal of Precision Engineering and Manufacturing - Green Technology, 11 (2): 625 - 658.

KANISHKA, ACHERJEE, 2023. A systematic review of additive manufacturing - based remanufacturing techniques for component repair and restoration [J]. Journal of Manufacturing Processes, 89 (3): 220 - 283.

KIPCHIRCHIR, 2019. Fabrication of metallic structure using micro - stereolithography [D]. 长沙: 湖南大学.

LI, MING, AO, et al., 2022. Review of additive electrochemical micro - manufacturing technology [J]. International Journal of Machine Tools and Manufacture, 173: 103848.

LÉVESQUE, BESCOND, COJOCARU, 2019. Laser - ultrasonic inspection of cold spray additive manufacturing components [C] //AIP Conference Proceedings. 45th Annual Review of Progress in Quantitative Nondestructive Evaluation: 38 Volume. New York: AIP Publishing: 020026.

MOBARAK, ISLAM, HOSSAIN, et al., 2023. Recent advances of additive manufacturing in implant fabrication: a review [J]. Applied Surface Science Advances, 18: 100462.

RAOELISON, VERDY, LIAO, 2017. Cold gas dynamic spray additive manufacturing today: deposit possibilities, technological solutions and viable applications [J]. Materials & Design, 133 (5): 266 - 287.

VAZ, GARFIAS, ALBALADEJO, et al., 2023. A review of advances in cold spray additive manufacturing [J]. Coatings, 13 (2): 267.

YIN, CAVALIERE, ALDWELL, et al., 2018. Cold spray additive manufacturing and repair: fundamentals and applications [J]. Additive Manufacturing, 21: 628 - 650.

ZEIDLER, BÖTTGER - HILLER, 2022. Plasma - electrolytic polishing as a post - processing technology for additively manufactured parts [J]. Chemie Ingenieur Technik, 94 (7): 1024 - 1029.

ZHOU, WU, LI, et al., 2024. Modelling and researching the evolution of stress during arc - directed energy deposition (ADED) hybrid inter - layer hammering [J]. Virtual and Physical Prototyping, 19 (1): 1 - 27.

附录 AI 伴学内容及提示词

AI 伴学工具：生成式人工智能（AI）工具，如 DeepSeek、Kimi、豆包、通义千问、文心一言、ChatGPT 等。

序号	AI 伴学内容	AI 提示词
1	第1章 增材制造技术概述	增材制造技术的基本概念、发展历程及典型应用案例
2		分析增材制造如何突破传统制造技术的局限，并举例说明其创新点
3		列举并解释增材制造技术的主要特点
4		列举全球范围内增材制造技术未来可能的发展方向，同时结合实际案例说明应用场景
5		我国现代制造业转型升级的切实需求和可行发展路线
6		列举增材制造在精度、材料兼容性、生产速度、成本控制和环境影响等方面面临的挑战
7		AI 在增材制造技术的应用前景（3000 字）
8	第2章 增材制造数据处理	阐述正向设计和逆向设计的基本流程、关键技术和实际应用案例
9		分析逆向设计的优势、局限性及常见问题
10		讨论如何借助 AI 技术对逆向工程进行数据清洗、误差补偿和模型优化
11		结合案例说明在增材制造中如何选择合适的建模方式
12		介绍结构拓扑优化的原理、流程和常用算法
13		探讨结构拓扑优化在航空航天、汽车等领域的应用场景
14		说明 STL 格式文件的基本结构，并结合增材制造技术特点说明其应用优势
15		举例说明支撑结构对成形的重要性
16		介绍切片软件的工作原理
17		讨论不同路径规划算法对成形效果的影响
18		针对 Simufact Additive 软件，介绍如何建立增材制造过程的仿真模型，以及常见仿真参数与优化方法
19		结合具体加工案例说明数值模拟仿真结果与实际生产的对应关系
20		总结一款轻量化结构零件的设计、仿真分析、增材制造的整个流程
21		出一套增材制造数据处理的自测题

续表

序号	AI伴学内容	AI提示词
22	第3章 增材制造技术的主要工艺	举例介绍增材制造工艺的类型（按照技术原理、兼容材料等进行区分）
23		举例介绍各类增材制造工艺的工作原理、特点和适用领域
24		对比讨论增材制造技术在材料适用性、成形精度和成本控制等方面的差异
25		解释每种材料挤出技术的工艺流程，讨论它们在打印速度、分辨率、材料适应性和后处理需求上的差异
26		分析各种光固化成形技术的成形原理和材料要求，并比较各自特点
27		阐述薄材叠层的成形机制和材料选择问题，并列举其在航空航天、大型构件制造中的应用案例
28		对比喷射技术与黏结剂喷射技术在材料分辨率、成形速度和后处理方面的差异
29		描述粉末床熔融与定向能量沉积各自的成形机制、工艺参数及对材料性能的影响
30		阐述四维打印中引入时间维度带来的结构自适应特性，以及五维打印在复杂运动控制中的应用前景
31		出一套增材制造技术主要工艺方法的自测题
32	第4章 金属增材制造技术的主要工艺	介绍金属增材制造的技术流程
33		从金属粉末的制备到成形、后处理及质量检测，探讨金属增材制造技术在航空、汽车及能源等领域的具体应用及挑战
34		分别介绍各金属粉末制备方法的工艺特点，讨论粉末粒度、形貌与纯度对后续增材制造成形的影响
35		举例介绍各类金属增材制造技术的工作原理、特点和适用领域
36		描述金属粉末床熔融技术中的热传导、相变及微观组织演变
37		讨论通过各定向能量沉积技术，如何实现不同工艺的优势互补
38		介绍金属增材制造过程中，操作人员防护、设备安全及粉末存储等安全措施
39		出一套金属增材制造技术的自测题
40	第5章 增材制造后处理及缺陷检测	阐述不同后处理工艺（如退火、烧结、抛光等）的作用机理，讨论其对增材制件材料力学性能和外观质量的影响
41		详细说明各类热处理方法的工艺流程及控制参数
42		解释各机械及特种加工技术的基本原理，以及在增材制件后处理上的优缺点与应用场景
43		探讨利用AI分析加工参数对制件表面质量影响的模型构建方法
44		介绍各种检测技术（如工业CT检测、超声检测、脉冲红外热波检测等）的工作原理
45		出一套增材制造后处理及缺陷检测的自测题

续表

序号	AI伴学内容	AI提示词
46	第6章 增材制造技术的应用	综述各领域中增材制造技术的应用案例，分析技术推广中的瓶颈与机遇（3000字）
47		举例说明航空航天领域中利用增材制造技术实现结构优化的案例
48		介绍生物打印技术的基本原理和应用案例，结合最新文献进行展望（2000字）
49		分析增材制造技术在汽车及金属铸造行业中的实际应用案例，探讨规模化量产行业中增材制造的应用思路
50		阐述增材制造技术在非传统制造领域（如艺术设计、建筑构件）的创新应用
51		生成一个综合项目案例：设计并优化一款具备复杂结构和装配的常见工业产品组件，要求从三维建模、工艺仿真、后处理到最终产品制造验证，充分结合增材制造特点进行全流程分析
52		出一套增材制造技术应用的自测题